零基础学

手 绘 时 装 画

麓山文化 ◎ 编著

人 民 邮 电 出 版 社

北 京

图书在版编目（CIP）数据

零基础学手绘时装画 / 麓山文化编著. -- 北京：
人民邮电出版社，2019.8
ISBN 978-7-115-51423-3

Ⅰ. ①零… Ⅱ. ①麓… Ⅲ. ①时装—绘画技法 Ⅳ.
①TS941.28

中国版本图书馆CIP数据核字(2019)第112112号

内　容　提　要

　　本书以水彩技法表现为核心，全书分为 6 章，第 1 章介绍了时装画与时装设计的区别、绘画工具及基本表现技法；第 2 章讲解了人体比例、人体结构、时装人体动态、头部、五官、四肢、发型和面部妆容的特点；第 3 章介绍了时装与人体的空间关系，重点讲解了服装的局部与褶皱的表现；第 4 章分别详细讲解了薄纱、牛仔、针织、条纹、印花、皮革、皮草、蕾丝等时装面料的技法表现；第 5 章介绍了 T 恤、衬衫、吊带上衣、外套、西装、过膝裙、连衣裙、裤装、礼服的款式和特点；第 6 章按照时装风格，分别讲解了混搭休闲风格、平面装饰风格、都市白领风格、社交名媛风格、学院风格、优雅复古风格等多种时装风格效果图的表现。

　　为了让读者能够更好地掌握时装画绘制技法，随书附赠 26 集共 580 分钟教学视频，读者可独立学习使用。

　　本书适合广大时装画手绘爱好者及手绘初学者使用，也可以作为服装类院校相关专业及相关培训机构的参考用书。

◆ 编　　著　麓山文化
　　责任编辑　张丹阳
　　责任印制　马振武

◆ 人民邮电出版社出版发行　　北京市丰台区成寿寺路 11 号
　　邮编　100164　电子邮件　315@ptpress.com.cn
　　网址　http://www.ptpress.com.cn
　　北京瑞禾彩色印刷有限公司印刷

◆ 开本：700×1000　1/16
　　印张：14
　　字数：323 千字　　　　　　　2019 年 8 月第 1 版
　　印数：1—3 000 册　　　　　　2019 年 8 月北京第 1 次印刷

定价：49.80 元
读者服务热线：(010)81055410　印装质量热线：(010)81055316
反盗版热线：(010)81055315
广告经营许可证：京东工商广登字 20170147 号

前言

PREFACE

在当今的时装行业，时装效果图是时装设计师对服装设计理念的表现，也是宣传和推广时装产品的重要手段。熟练地掌握时装效果图的绘制，是学习时装设计的前提和重要内容之一。时装手绘具有一定的专业特点，作为特有的艺术表现形式，也具备艺术的规律性。随着时代的变化以及艺术审美与时装行业的发展，时装画与时装手绘的形式越来越多样化。

一、编写目的

时装效果图有着强大的设计表现意图，所以我们编写了这样一本详细介绍时装手绘的书籍，来帮助读者有效地掌握时装效果图表现的基本技能。

二、本书内容

本书主要通过实际案例，从简单的绘画工具开始，到人体的结构表现，再到局部服装的表现以及整体服装手绘技法表现等，全面解析时装效果图的绘制技法。

全书共 6 章：前 3 章为基础内容，介绍了绘画工具、人体结构表现，以及服装局部特点，使读者一步步了解时装手绘的局部表现，从而进行更深入的学习；后 3 章为本书的重点及难点，通过实际的服装案例，展示了完整的时装手绘技法及服装搭配等内容。

三、本书特色

为了让读者更好地学习手绘时装画，更好地表现对时装手绘的理解，在编写此书的过程中，作者翻阅了多本同行业的相关时装手绘表现教程及效果图画集，结合自己的绘画经验和个人设计特点，力求满足读者的需求。

由浅入深：本书在编写时特别考虑读者的水平可能有高有低，因此在章节的编写方面由浅入深地进行讲解。从前期的基础入门，到后期的重点难点，都尽量详尽易懂，使读者能更系统地学习服装手绘的技法。

案例讲解：本书采用实际案例进行讲解，选取的服装款式和实际案例的表现技法都具有代表性，有助于读者更好地掌握时装潮流。通过具体的案例讲解，让读者更加详细地了解时装手绘的具体细节表现。

水彩技法：本书是一本水彩手绘书籍，通过水彩技法来展示服装效果图的特点。水彩颜色能够更加突出展示服装颜色的多样性及画面丰富的特点。运用水彩颜料时，要注意水彩混合产生的颜色变化，以及通过控制毛笔上的水量来画出颜色深浅变化的过程。只要把握好这两点，就能更好地绘制出完整的水彩手绘效果图。

资源与支持

本书由数艺社出品，"数艺社"社区平台（www.shuyishe.com）为您提供后续服务。

配套资源

26 集共 580 分钟教学视频

资源获取请扫码

"数艺社"社区平台，为艺术设计从业者提供专业的教育产品。

与我们联系

我们的联系邮箱是 szys@ptpress.com.cn。如果您对本书有任何疑问或建议，请您发邮件给我们，并请在邮件标题中注明本书书名及 ISBN，以便我们更高效地做出反馈。

如果您有兴趣出版图书、录制教学课程，或者参与技术审校等工作，可以发邮件给我们；有意出版图书的作者也可以到"数艺社"社区平台在线投稿（直接访问 www.shuyishe.com 即可），如果学校、培训机构或企业想批量购买本书或数艺社出版的其他图书，也可以发邮件给我们。

如果您在网上发现针对数艺社出品图书的各种形式的盗版行为，包括对图书全部或部分内容的非授权传播，请您将怀疑有侵权行为的链接通过邮件发给我们。您的这一举动是对作者权益的保护，也是我们持续为您提供有价值的内容的动力之源。

关于数艺社

人民邮电出版社有限公司旗下品牌"数艺社"，专注于专业艺术设计类图书出版，为艺术设计从业者提供专业的图书、U 书、课程等教育产品。领域涉及平面、三维、影视、摄影与后期等数字艺术门类；字体设计、品牌设计、色彩设计等设计理论与应用门类；UI 设计、电商设计、新媒体设计、游戏设计、交互设计、原型设计等互联网设计门类；环艺设计手绘、插画设计手绘、工业设计手绘等设计手绘门类。更多服务请访问"数艺社"社区平台 www.shuyishe.com。我们将提供及时、准确、专业的学习服务。

目录

CONTENTS

第1章

时装画入门

　　时装画是以绘画作为基本手段，通过丰富的艺术处理方法来体现服装设计的造型和风格的一种艺术形式。从艺术的角度来看，时装画强调绘画功底、艺术情操及创意灵感。那么时装画是通过哪些工具、手法来实现的呢？本章将对此进行介绍。

1.1 时装画与时装设计

时装设计是一门综合、全面的艺术，而时装画是将设计师脑海中的设计灵感和想法实际体现出来，使大众能够更加直观地了解设计师的设计理念。

1.1.1 时装画的特点

对于整个时装设计过程来说，时装画只是其中的一个环节，但却对整个时装设计的过程有很大的影响。在时装设计前期，所有的信息都是通过时装画表现出来的，以确保设计工作和后续成衣的顺利展开。因此，作为前导的时装画，必须具有以下特性。

❀ 时尚性

时装画最主要的特点就是时尚性。时装画与时尚是紧密相关的，时装画不仅能够反映个人的时装品味，也能反映当前社会的审美观念。

❀ 艺术性

时装画作为时装设计起始环节的同时，也是一门绘画的艺术，通过笔触、线条、颜色搭配、图案肌理等效果来展现设计师的个人风格。

❀ 针对性

时装画是有针对性的，就如同时尚从来不是大众化、普及化一般。因此时装画通常需要针对某一个或几个元素进行夸张的放大、突出。

1.1.2 时装设计的流程

时装设计的流程比较复杂，从灵感迸发、前期准备、中期设计到后期推广等，层层递进。

❀ 设计灵感

在整个时装系列设计的开始，首先要有一个符合系列时装设计的灵感，通过灵感的发散来表现时装的创意理念。

❀ 设计调研

针对灵感的创意理念，收集更多的时尚信息和资讯，通过对时尚市场的消费者和流行趋势研究来进行定位。

❀ 信息整理

信息整理是将设计调研收集到的信息进行梳理和分析，并找出所需的资料和信息，再开始进行设计主题、选择面料等工作。

❀ 草图设计

整个信息整理完成后，时装设计就有了一个明确的方向，再通过草图来展示时装设计的特点，不断反复地进行修改，最后细化和选择合适的设计图。

❀ 确定款式

时装款式是通过时装效果图和平面效果图两种形式表现出来的。时装效果图能够展示时装的面料质感、颜色搭配、整体的风格及装饰品的细节，平面效果图能够展示时装的款式及结构特点。

❀ 服装制版

服装制版是将时装图纸转化成符合一件完整衣服的纸样过程，服装制版过程中要充分考虑服装的结构，制成符合标准的纸样。

❀ 服装生产

服装生产是将服装纸样转化成衣服的过程，通过缝纫和不断调整，最终制成一件合身的服装。

❀ 服装销售

服装销售主要指通过拍摄宣传照、举行订货会等方式来推销服装。

1.2 绘画工具

完成一幅完整的时装画比较复杂，所需的绘画工具种类也比较多。不同的绘画工具有不同的特性，本书主要采用水彩工具和其他辅助工具来完成一幅时装画，其中包括水彩颜料、纸笔、高光颜料、调色盘等。

1.2.1 水彩颜料

水彩颜色在画面中的表现非常丰富，不同的颜料、纸张和画笔会产生不同的效果。水彩颜料品种繁多，在刚开始接触时，要进行多次尝试，直到找到适合自己的水彩颜料。下面介绍一些常见的水彩品牌。

❀ 樱花固体水彩

樱花固体水彩颜料色泽比较明亮，固体色块比较硬，便于携带。在蘸取固体颜料时，保持毛笔上的水分再去蘸取，会比较容易蘸取出来。

❀ 温莎牛顿管状水彩

温莎牛顿管状水彩颜色比较暗沉，管状颜料里有颗粒沉淀，比较适合初学者练习使用。

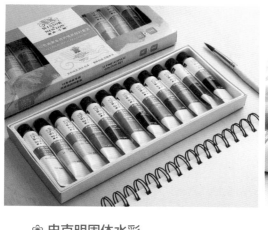 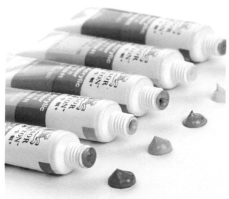

❀ 史克明固体水彩

史克明固体水彩颜色鲜艳亮丽，色泽比较稳定，性价比较高，适合绘画师日常使用。

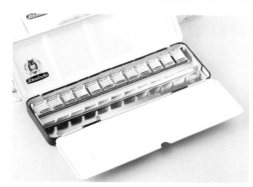 

❀ 吴竹固体水彩

本书中用到的是吴竹36色固体水彩颜料，其透明度较高，容易进行颜色调和，形成丰富的色彩效果。固体水彩便于保存和携带，色泽鲜艳、溶解迅速、易晕染。

36色颜色表现

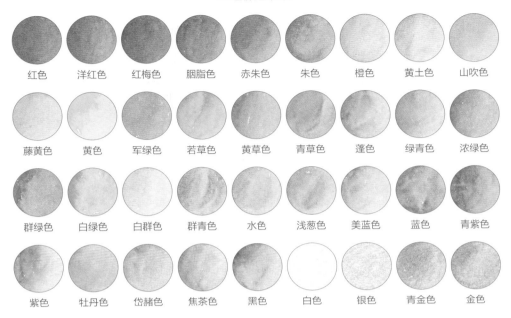

红色	洋红色	红梅色	胭脂色	赤朱色	朱色	橙色	黄土色	山吹色
藤黄色	黄色	军绿色	若草色	黄草色	青草色	蓬色	绿青色	浓绿色
群绿色	白绿色	白群色	群青色	水色	浅葱色	美蓝色	蓝色	青紫色
紫色	牡丹色	岱赭色	焦茶色	黑色	白色	银色	青金色	金色

1.2.2 铅笔

铅笔可用于时装画的起稿阶段，还可用于表现黑白时装画。

❀ 传统铅笔

传统铅笔的线条变化丰富、不耐磨，画面不宜长期保存。

❀ 自动铅笔

本书所用的是施德楼HB型号的自动铅笔。自动铅笔是非常准确并且富于变化的绘画工具，能够画出精密的线条和准确的时装细节。

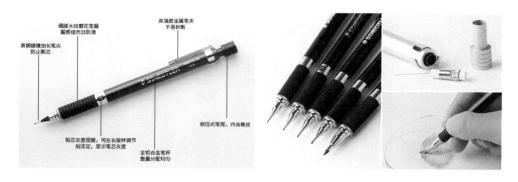

1.2.3 橡皮

橡皮也用于铅笔起稿阶段，本书选择的是质地较软的施德楼专业绘画橡皮。

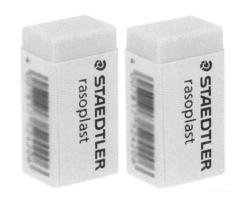

1.2.4 水彩纸

水彩纸分为木浆、棉浆水彩纸。木浆纸吸水性较差，适用于干画法；棉浆纸吸水性强，多次铺色纸张也不会起皱，适用于湿画法。下面介绍一些常见的水彩纸品牌。

❀ 康颂水彩纸

康颂水彩纸属于木浆水彩纸。这款水彩纸性价比高，适合初学者使用。

❀ 获多福水彩纸

获多福水彩纸属于棉浆水彩纸，纸张颜色偏黄，为细纹表现，吸水性和扩散性好。

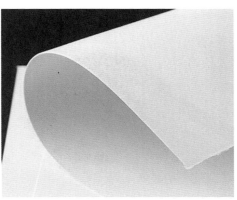

❀ 宝虹全棉细纹水彩纸

本书用到的是宝虹全棉细纹水彩纸，纸张吸水性好，纹理清晰。

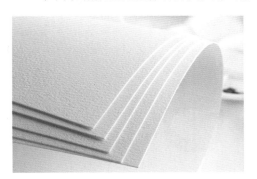

1.2.5 毛笔

　　本书中用到的是华虹圆头全套水彩毛笔。毛笔采用的是马鬃毛，毛质偏硬，弹性强，着色时能够挑起浓稠颜料，笔杆舒适耐用。

1.2.6 勾线笔

　　勾线笔一般用来强调轮廓、结构转折处及描绘细节。本书用到的是秋宏斋狼毫蒲公英系列勾线笔，笔头弹性较好。

1.2.7 高光颜料

　　高光颜料主要用于画面最后的细节表现。本书用到的是吴竹防水速干高光颜料。其颜色较白，在水彩颜色上进行涂色也不会扩散、晕染，有很好的覆盖度。

1.2.8 吸水海绵

　　在水彩画的绘画过程中，为了更好地控制毛笔的水量，通常会用吸水海绵。　本书用到的是法比亚若美术吸水海绵，质地柔软、吸水性强。

1.2.9 调色盘

绘制水彩时装画的过程中，通常使用调色盘进行调色。本书用到的是美捷乐水彩仿陶瓷调色盘，易清洗。

1.2.10 水桶

在水彩绘画过程中，水桶主要用来清洗毛笔上的颜色。本书用的是硅胶折叠洗笔筒，便于携带。

1.3 水彩技法表现

水彩技法主要从几个方面表现：一是用笔，利用笔尖的形状和笔尖转动的弹性，依靠笔锋和运笔的方式，对笔触进行控制；二是用水，利用颜色的深浅变化及绘画的干湿表现来处理画面；三是制作图案，使画面充满质感。掌握基本技法后，还可以尝试与其他绘画工具混合使用，增加画面的表现力。

1.3.1 水彩基本技法

水彩的基本技法是毛笔的运笔方式、色彩的叠加及对毛笔笔尖方向的控制。

❀ 平涂

平涂，顾名思义，就是用平铺的方式填满整个画面，颜色没有深浅的变化。

✿ 渐变

水彩渐变的技法，主要是通过控制毛笔上的水分，由量多到量少，来表现颜色的深浅。

✿ 叠色

叠色是指通过两种或两种以上的颜色进行画面表现。一般叠色都是先平涂一层深色，再画一层浅色。

✿ 勾线

勾线主要是使用勾线笔勾勒出画面的细节及图案特点。勾线时要通过控制运笔的轻重，来表现勾线图案的深浅。

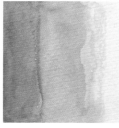

|平涂|渐变|叠色|勾线|

1.3.2 水彩基本技法案例

案例展示了具体的图案绘制方法和干湿画法，以及对水分的控制处理方法。湿画法中，颜色可以自然地进行融合，画面比较通透，水量比较重要；而干画法能够表现出笔触的肌理，用笔方式比较重要。

✿ 碎花表现

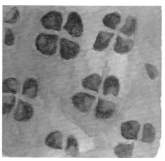

1 用华虹10号毛笔侧锋大面积铺出底色，颜色在纸张上面自然晕开。

2 用华虹4号毛笔蘸取更深的紫色，侧锋画出花瓣的颜色，通过对水分的控制，画出深浅变化。

3 用勾线笔蘸取高光颜色，勾勒出花瓣上的细节及白色花瓣的颜色。

❀ 粗呢表现

1 用华虹10号毛笔大面积平铺底色。

2 用华虹5号毛笔控制水分，使笔尖分叉，参差不齐地点出粗糙的质感。

3 用华虹5号毛笔蘸取更深的颜色，继续点出粗糙的质感，再用勾线笔画出横向纹理。

❀ 格纹表现

 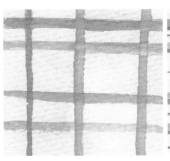 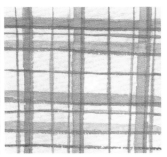

1 用华虹10号毛笔大面积平铺底色。

2 用华虹4号毛笔蘸取更深的颜色，画出纵横交错的条纹。

3 用勾线笔蘸取深色，绘制出更细的条纹，增加格纹面料的层次感。

❀ 印花表现

1 用10号华虹毛笔大面积平铺底色。

2 用勾线笔蘸取更深的颜色，画出印花图案的轮廓，再填充颜色。

3 用勾线笔蘸取深色，先画出树枝的深浅变化，再画出树叶的深浅颜色变化。

1.3.3 工具的混合表现

水彩颜色比较通透，通过与彩铅和马克笔等工具混合使用，能够表现出不同的画面质感，绘制出更有感染力的画面效果。

❀ **与彩铅混合使用**

1 先用彩铅以排线的方式绘制肌理效果。

2 再用不同颜色的彩铅进行底色处理，形成丰富的混色效果。

3 用毛笔蘸取同色系的水彩颜色进行叠色处理，形成富有变化的肌理。

❀ **与马克笔混合使用**

1 用水彩大面积平铺底色。

2 用另外一种水彩颜色进行融合处理。

3 当水彩颜色完全干后，再用马克笔进行叠色处理。

❀ **案例赏析**

水彩与彩铅混合使用　　　　　　　水彩与马克笔混合使用

第 2 章

时装画人体

　　时装画表现的是人的着装状态，人体和服装都缺一不可。无论要表现哪种款式的服装，或是用哪种方式来表现服装款式，都要以准确、协调的人体结构作为基础。时装画中的人体是一种理想的状态，是为了符合视觉审美，以夸张和变化的手段突出服装，烘托画面效果。绘制人体时首先要掌握基本的人体比例及人体结构，再深入研习人体动态及局部细节。本章将结合案例，由浅入深，由整体到局部，细致讲解如何绘制时装画人体。

2.1 人体比例

　　绘制人体时，整体和各部分都要符合一定的比例标准，这些标准使我们在绘制人体时能够更快地定点，更准确地画出人体各部位的线条。时装画中的人体是进行美化处理后的理想人体，比例稍有夸张，但也不能过于脱离现实。

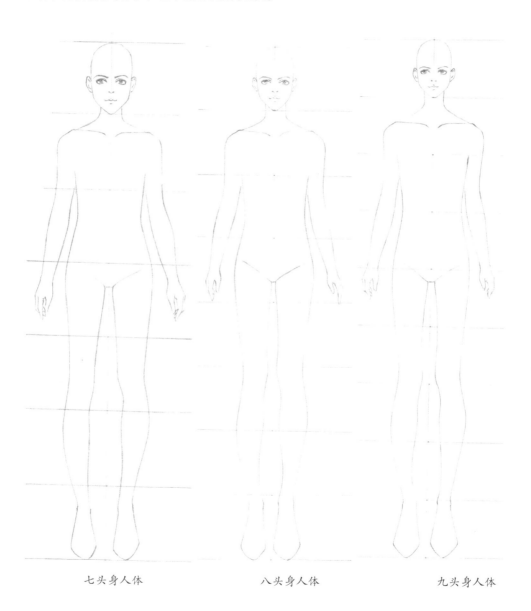

七头身人体　　　　　　　　　　八头身人体　　　　　　　　　　九头身人体

2.2 人体结构

为了能够更加准确地绘制出人体的比例和结构，更方便地区分各个部位的特征，我们通常将人体结构分为 6 个区块，分别是头颈部、躯干、手臂、胯部、腿部和足部。

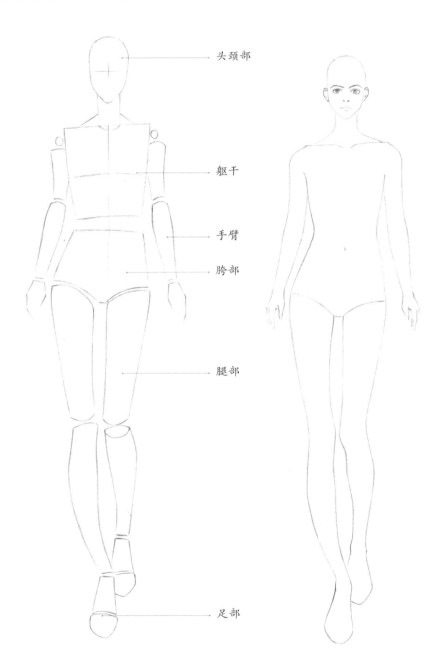

头颈部

躯干

手臂

胯部

腿部

足部

2.3 时装人体动态

在时装画里，人体动态是为了更好地展示服装效果，突出设计的中线。服装与人体动态在画面中应该相得益彰。人体的形态变化多端，要通过对人体动态规律的分析和掌握，画出平衡、稳定的人体动态。

2.3.1 重心

把握重心是绘制动态人体的重点。人体的平衡是通过重心线来衡量的，重心线即是从头部经过锁骨中点的垂线。人体在直立静止状态时，重量会均匀地分布在两腿之上，胸腔和盆腔两大体块保持平行的状态，重心线处于两腿之间。当人体运动时，一条腿支撑身体的重量，另一条腿则处于放松状态，重心线处于支撑腿上或者处于支撑腿的附近。

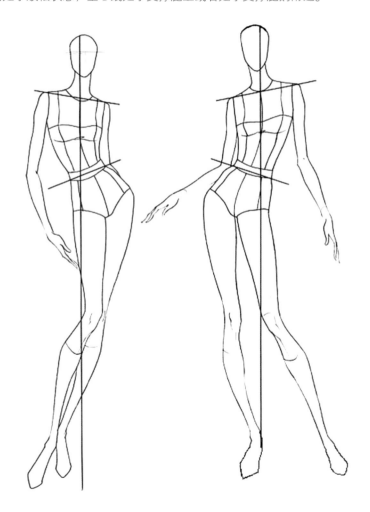

2.3.2 行走动态

本案例展示的是行走人体动态，动作幅度比较小，通过肩部和胯部两大体块的扭动形成行走的动态表现。在绘制行走的人体动态时，首先要找准肩部和胯部的摆动弧度，再通过肩部连线找准胸腔和盆腔之间的关系。

绘制要点

❶ 胯部的扭动幅度
❷ 两腿之间的前后变化

绘画工具

❶ 施德楼 HB 自动铅笔
❷ 施德楼橡皮擦

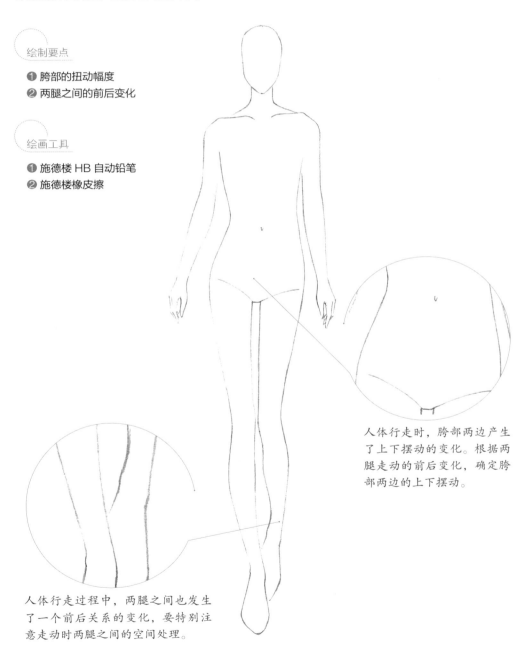

人体行走时，胯部两边产生了上下摆动的变化。根据两腿走动的前后变化，确定胯部两边的上下摆动。

人体行走过程中，两腿之间也发生了一个前后关系的变化，要特别注意走动时两腿之间的空间处理。

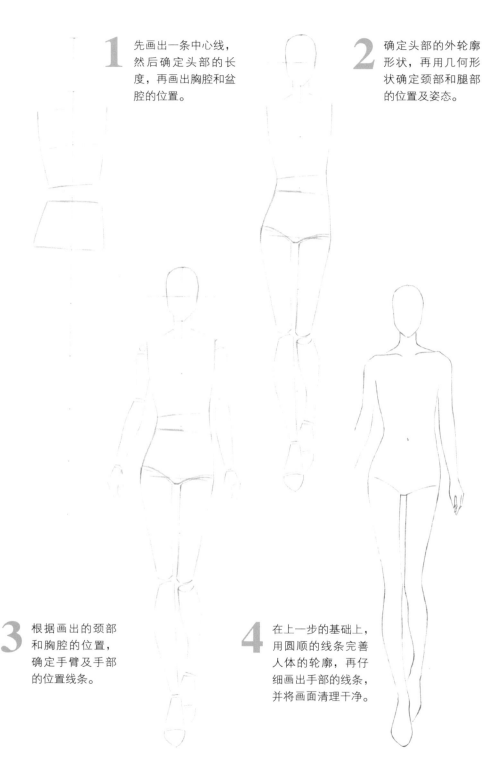

1 先画出一条中心线，然后确定头部的长度，再画出胸腔和盆腔的位置。

2 确定头部的外轮廓形状，再用几何形状确定颈部和腿部的位置及姿态。

3 根据画出的颈部和胸腔的位置，确定手臂及手部的位置线条。

4 在上一步的基础上，用圆顺的线条完善人体的轮廓，再仔细画出手部的线条，并将画面清理干净。

2.3.3 单脚支撑动态

　　本案例展示的是单脚支撑的人体动态。肩部、胯部、腿部都有明显的动态变化，其中胯部和腿部变化最为明显。并且随着胯部夸张的动态变化，两腿之间也产生了较大的空间。

绘制要点

❶ 胯部大幅度的摆动变化
❷ 两腿的透视

绘画工具

❶ 施德楼 HB 自动铅笔
❷ 施德楼橡皮擦

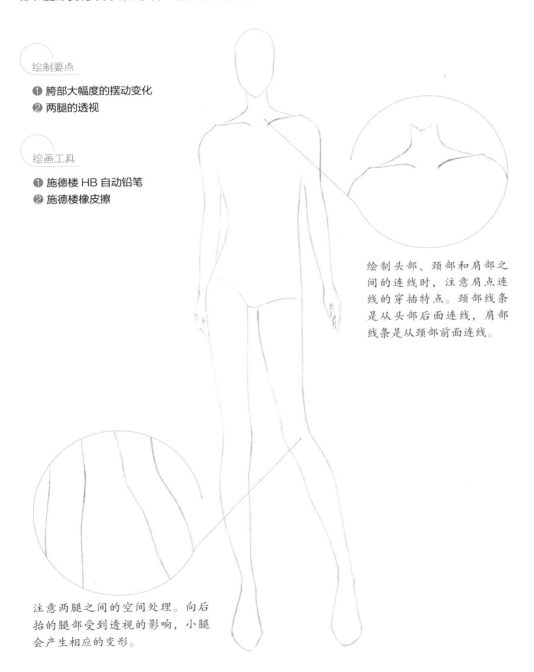

绘制头部、颈部和肩部之间的连线时，注意肩点连线的穿插特点。颈部线条是从头部后面连线，肩部线条是从颈部前面连线。

注意两腿之间的空间处理。向后抬的腿部受到透视的影响，小腿会产生相应的变形。

1 先画出中心线，再通过肩点连线和胯部连线确定肩部与胯部的姿态。胯部向左抬起，重心线落在左脚上。

2 先画出头部的外轮廓形状，再根据确定好的位置，用几何形状画出胸腔、盆腔及手臂的轮廓线。

3 根据确定好的腿部位置，先画出支撑身体的这条腿，再画出另一条处于放松状态下的腿部线条。

4 先用圆顺的线条连接颈部、肩部、腰部到腿部及手臂的轮廓，再刻画出手部的形状特点，最后将画面清理干净。

2.3.4 双腿交叉站立动态

　　本案例展示的是双腿交叉站立的动态。双腿交叉站立，肩部以及胯部没有发生动态变化，主要是两腿之间产生的变化，要注意腿部交叉时的透视处理。

绘制要点

❶ 胯部到大腿之间的交叉绘制
❷ 小腿的透视变化

绘画工具

❶ 施德楼 HB 自动铅笔
❷ 施德楼橡皮擦

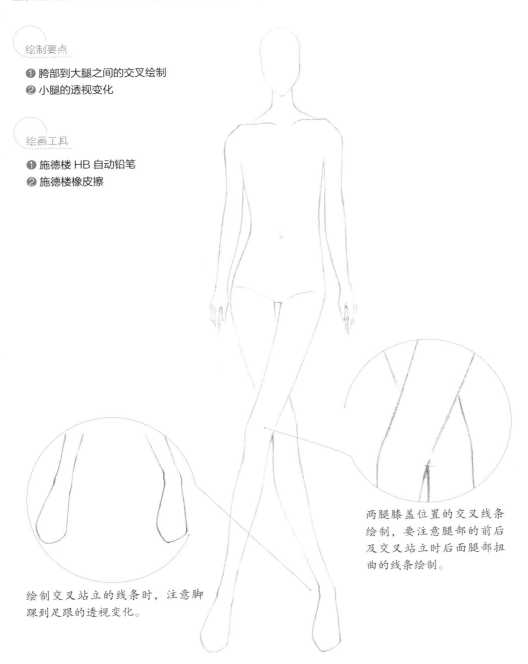

两腿膝盖位置的交叉线条绘制，要注意腿部的前后及交叉站立时后面腿部扭曲的线条绘制。

绘制交叉站立的线条时，注意脚踝到足跟的透视变化。

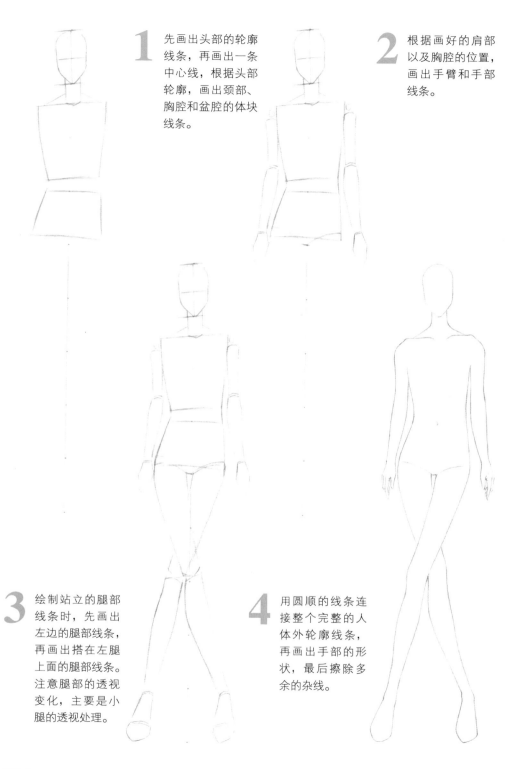

1 先画出头部的轮廓线条，再画出一条中心线，根据头部轮廓，画出颈部、胸腔和盆腔的体块线条。

2 根据画好的肩部以及胸腔的位置，画出手臂和手部线条。

3 绘制站立的腿部线条时，先画出左边的腿部线条，再画出搭在左腿上面的腿部线条。注意腿部的透视变化，主要是小腿的透视处理。

4 用圆顺的线条连接整个完整的人体外轮廓线条，再画出手部的形状，最后擦除多余的杂线。

2.3.5 时装画常用动态

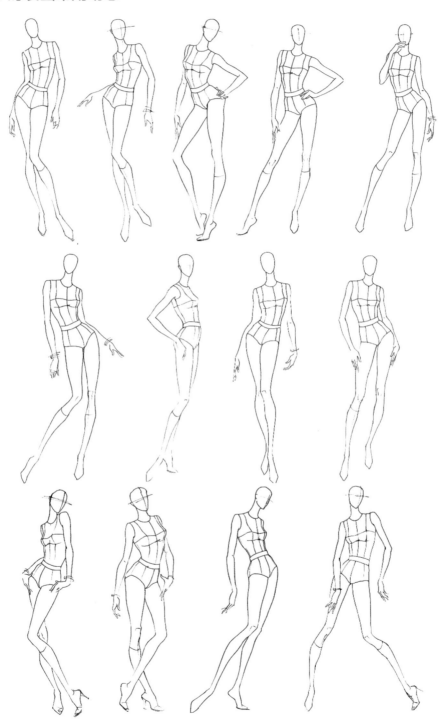

2.4 头部

在时装画里，头部除了能作为衡量比例关系的标准，还能很好地体现人物的精神状态。头部分为面部和后脑两大部分。后脑的绘制很容易被忽视，但画好后脑会使整个头部显得比较饱满。下面分正面和侧面讲解头部的画法。

2.4.1 正面头部

本案例展示的是正面的头部。正面头部的外轮廓呈椭圆状，以中心线为标准左右对称。五官以"三庭五眼"的比例关系分布在面部，三庭是指从发际线到眉毛、眉毛到鼻底、再由鼻底到下颚等分的三部分，"五眼"是指以一个眼睛的长为准，面部最宽处五等分，两眼之间的距离为一个眼睛的长度。

绘制要点

❶ 面部五官的比例关系
❷ 头顶与头发之间的表现

绘画工具

❶ 施德楼 HB 自动铅笔
❷ 施德楼橡皮擦

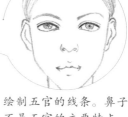

绘制五官的线条。鼻子不是五官的主要特点，只需要画出鼻翼和鼻底的线条即可。

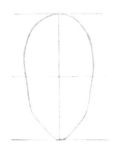

1 先画出一条中心线，再画一条平分中心线的横线，然后确定头部的最高点和最低点，最后画出头部的外轮廓形状。

2 先确定发际线的位置，再从发际线到下颚将面部三等分，最后确定两眼之间的长度，画出眼睛的轮廓线条。

3 根据上一步的定点，画出眉毛、鼻子和嘴唇的形状，再根据发际线的位置，画出头发的轮廓。

4 用圆顺的线条仔细勾勒眼睛和鼻子的轮廓线条，再清晰地画出头发的线条走向，擦除辅助线。注意保持画面的清晰。

2.4.2 侧面头部

本案例展示的是四分之三侧的头部。侧面头部的表现难度较大，五官不像正面一样左右对称，要根据头部转动的透视而产生一定的变形处理。绘制侧面头部时，找准头部转动的透视线及五官的位置尤为重要。

绘制侧面眼睛时，注意眉弓、眼睛及鼻子产生的透视角度。

1 先画出一条确定眼睛位置的横线，再根据侧面头部透视，画出左右两边的眼睛长度。注意面部转动的一边，眼睛长度会相对较短。

2 根据画好的眼睛轮廓，画出侧面的鼻子形状。绘制侧面头部时，鼻梁的线条尤为重要。再画出嘴唇的轮廓，面部转动后一边嘴唇的长度也会相对较短。

3 在画出的侧面五官上，绘制出整个头部的外轮廓，侧面头部的后脑勺更加饱满。再画出覆盖在头部上面的头发的轮廓线条。

4 用圆顺的线条仔细刻画眼睛和鼻子的轮廓，清除多余的杂线，再仔细刻画头发的走向线条。

2.5 五官

在时装画里，五官能传达出人物的神情气韵，往往成为画面的焦点之一。因此，在时装画里对五官的刻画不容忽视，眼睛和嘴唇两部分尤其需要重点表现，而鼻子和耳朵可以绘制得简单一些。

2.5.1 眼睛

眼睛是最能表现人物特点的部位，人物的精神面貌和人物神态都是靠眼睛来传达。本案例表现的是正面眼睛，绘制正面眼睛时，可以将正面眼睛看成是不对称的椭圆形，内眼角一般比外眼角低，而上眼睑的弧度大于下眼睑。

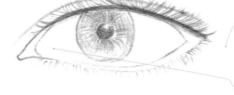

绘制要点
1 内外眼角的轮廓线条
2 眼球的位置刻画

绘画工具
1 施德楼 HB 自动铅笔
2 施德楼橡皮擦

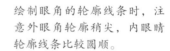

绘制眼角的轮廓线条时，注意外眼角轮廓稍尖，内眼睛轮廓线条比较圆顺。

1 先绘制出一个倾斜的长方形，画出长方形的中心线。

2 用弧线绘制出眼睛的大致轮廓线条，再画出眼珠的轮廓线条。

3 加重上下眼线的线条，表现出眼睛的厚度。画出双眼皮的线条，再刻画眼珠的纹理。

4 仔细刻画眼睛的轮廓线条，擦除多余的杂线，再画出睫毛的弧线。

多款眼睛绘画赏析

2.5.2 鼻子

鼻子是面部最凸起的部分，由一个正面、两个侧面和一个底面构成。鼻翼位于鼻侧面，鼻孔位于鼻底面。在绘制正面鼻子时，通常比较简单，有时只需绘制出鼻孔及鼻翼。

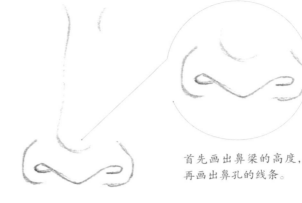

首先画出鼻梁的高度，再画出鼻孔的线条。

1 先画出一条中心线，再确定出鼻子的宽度。

2 根据确定好的鼻子宽度，先画出鼻翼的位置，再确定鼻孔的线条。

3 画出鼻根和鼻梁的位置线条。

4 仔细刻画鼻梁、鼻翼和鼻孔的线条，擦除多余的杂线。

多款鼻子绘画赏析

2.5.3 耳朵

耳朵的透视与其他五官不太一样。耳朵位于头部的两侧，当头部处于正面时，耳朵处于侧面，当头部处于侧面时，耳朵处于正面。

绘制要点

❶ 耳朵的外轮廓形状
❷ 内耳结构线的绘制

绘画工具

❶ 施德楼 HB 自动铅笔
❷ 施德楼橡皮擦

注意耳朵的外轮廓以及内部的结构线条。

1 用定点的方式确定耳朵的外轮廓位置。

2 根据确定好的外轮廓位置，勾勒耳朵内部的轮廓。

3 用肯定的线条完善耳朵的外轮廓线条以及内部的结构。

4 用圆顺的线条画出耳朵的外部和内部的轮廓。

多款耳朵绘画赏析

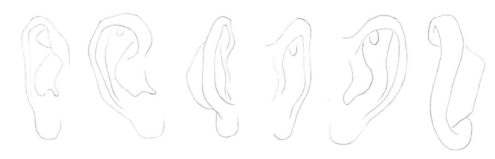

2.5.4 嘴唇

绘制正面嘴唇。正面嘴唇可以看作是以唇凸点为中心左右对称的菱形轮廓，上嘴唇较薄，下嘴唇较为丰满。绘制嘴唇的轮廓线条时着重强调嘴角和唇中线即可。

注意上嘴唇和唇中线的线条。

1 先确定出嘴唇的最高点和最低点，再确定出嘴唇的长度。

2 用直线刻画出嘴唇的外轮廓形状，再确定上嘴唇的唇凸线条。

3 用圆顺的线条连接嘴唇的外轮廓线条和唇中线的表现。

4 加深嘴唇的唇中线和外轮廓线条，擦除辅助线条。

多款嘴唇绘画赏析

2.6 四肢

四肢也是人体表现中的重点。绘制四肢的结构轮廓时，用圆柱形和多边形进行概括。手臂通过肩部和胸腔相连接，大腿通过胯部相连接，在绘制过程中，这些特征都要表现出来。

2.6.1 手臂

绘制手臂的结构线条时，要将手臂分解为上臂和下臂。手臂通过与肩头相连接，产生了一定的穿插关系，因此在绘制手臂过程中，要将穿插的变化表现出来。

绘制要点

❶ 肩部与手臂连接的线条绘制
❷ 手肘位置的线条

绘画工具

❶ 施德楼 HB 自动铅笔
❷ 施德楼橡皮擦

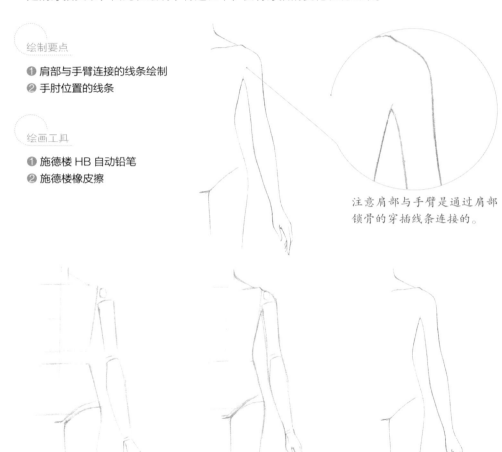

注意肩部与手臂是通过肩部锁骨的穿插线条连接的。

1 先画出颈部、胸腔、盆腔、手臂位置的轮廓形状。

2 用圆顺的线条从颈部连接肩部、手部，注意手肘位置的线条。

3 加深手臂的外轮廓线条，擦除多余的辅助线条。

2.6.2 手部

　　想要画出修长美丽的手部，就要研究手部的几大结构线条。我们将手部分解成三个部分：大拇指、手掌和其余四指。通过研究手部的结构特点，能够更好地绘制出一双灵动的手。

绘制要点

❶ 注意手腕到手掌的线条转折
❷ 指尖的刻画处理

绘画工具

❶ 施德楼 HB 自动铅笔
❷ 施德楼橡皮擦

注意指尖的长度及关节转折弧线的线条。

1 将手部分为三部分，分别画出各个部位的轮廓线条。

2 先画出手腕与手掌的连接线条，再擦除手部多余的杂线。

3 用圆顺的线条连接手掌与手指，仔细刻画指尖的线条。

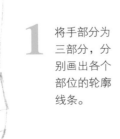

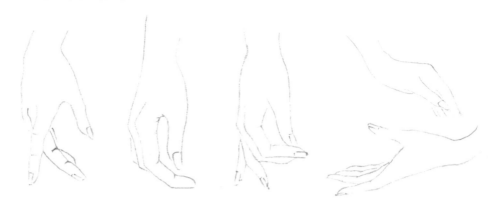

2.6.3 腿部

　　腿部的结构与手臂非常相似，但因为腿部支撑着身体的重量，绘制时应该表现得更有力量感。在静止站立状态下，腿部会向内侧倾斜，呈现出收拢的状态。

绘制要点

❶ 胯部与大腿之间的连接线条
❷ 膝盖到小腿的轮廓线条绘制

绘画工具

❶ 施德楼 HB 自动铅笔
❷ 施德楼橡皮擦

腿部直立站立状态下，膝盖会向内倾斜，小腿因为肌肉饱满，也会向内倾斜。

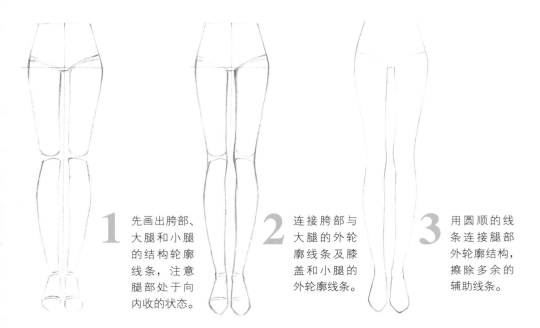

1 先画出胯部、大腿和小腿的结构轮廓线条，注意腿部处于向内收的状态。

2 连接胯部与大腿的外轮廓线条及膝盖和小腿的外轮廓线条。

3 用圆顺的线条连接腿部外轮廓结构，擦除多余的辅助线条。

多款腿部绘画赏析

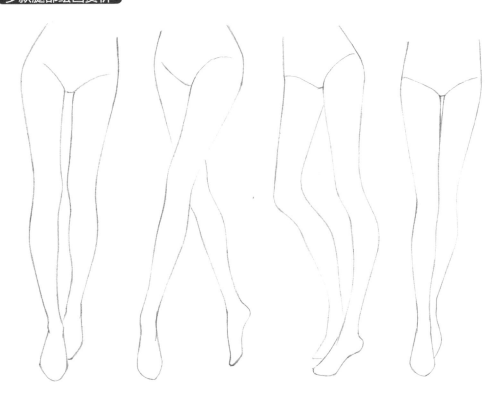

2.6.4 足部

　　绘制足部的轮廓形状时，先将足部为三个部分：脚踝、脚背和脚趾。脚背的轮廓呈梯形，脚趾和手指相同，也有一定的弧度。

脚背的线条是通过脚踝的后面穿插出来的。

○ 绘制要点

❶ 脚背与脚趾的轮廓线条的处理
❷ 脚踝转折线的处理

○ 绘画工具

❶ 施德楼 HB 自动铅笔
❷ 施德楼橡皮擦

1 先画出足部的三个部位的外轮廓。

2 连接脚踝、脚背和脚趾的线条，再刻画脚趾的形状。

3 加深足部的外轮廓线条，擦除辅助线。

多款足部绘画赏析

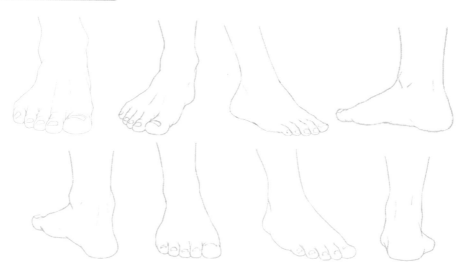

2.7 发型

发型能够改变人物的气质，表现出人物的个性。在绘制发型的过程中，不要拘泥于刻画发丝的细节，而要注意发型的整体造型和发丝的大致走向。绘制蓬松的发型时用笔要潇洒、干脆，还要注意发型与头部的覆盖关系。

2.7.1 短发

本案例展示的是一款短发，头顶的头发覆盖在头部上呈球形，脖子两边的头发一边自然下垂，一边位于耳朵后面。绘制短发时，要注意头发之间的起伏变化。

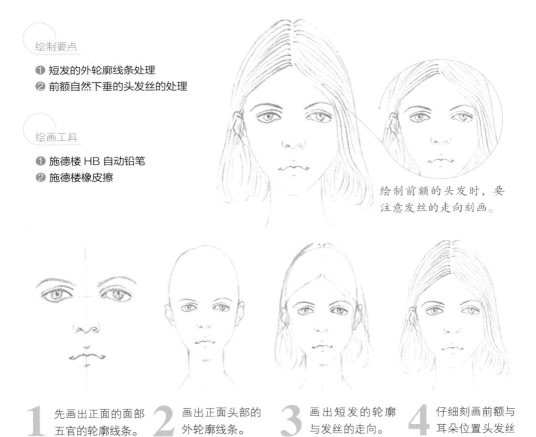

绘制要点

❶ 短发的外轮廓线条处理
❷ 前额自然下垂的头发丝的处理

绘画工具

❶ 施德楼 HB 自动铅笔
❷ 施德楼橡皮擦

绘制前额的头发时，要注意发丝的走向刻画。

1 先画出正面的面部五官的轮廓线条。

2 画出正面头部的外轮廓线条。

3 画出短发的轮廓与发丝的走向。

4 仔细刻画前额与耳朵位置头发丝的线条走向。

2.7.2 长发

本案例展示的是披肩的长发。长发与卷发相比，表现会比较简单，发丝的层次感也比较简单。绘制飘逸的长发时，用笔一定要流畅，不能拖泥带水，线条排列要疏密有致。

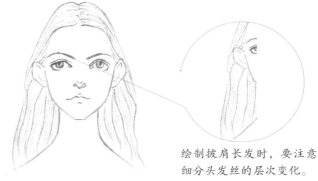

绘制披肩长发时，要注意细分头发丝的层次变化。

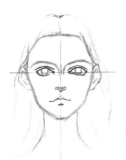   

1 先画出头部轮廓及五官的轮廓，再勾勒头发的外轮廓特点。

2 区分出头发的层次变化，注意耳后头发丝的走向。

3 仔细刻画头发的细节。

4 加深刻画五官的线条，再次刻画头发的线条，擦除多余的杂线。

2.7.3 盘发

本案例展示的是一款盘发。盘发就是将头发盘成发髻，与披肩发型相比，盘发的发髻有较为清晰的形状，体积感也非常明显。绘制盘发时，要将发髻之间的穿插关系整理清楚。

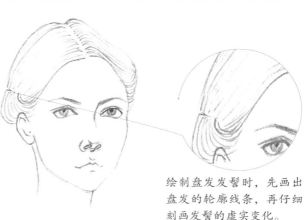

绘制盘发发髻时，先画出盘发的轮廓线条，再仔细刻画发髻的虚实变化。

1 先画出面部五官
以及头部轮廓，
再勾勒盘发的
轮廓。

2 画出盘发的发丝
走向。

3 仔细刻画头发的
虚实线条。

4 加深面部五官的
轮廓，再加深发
丝的线条，擦除
多余的杂线。

多款发型绘画赏析

2.8 面部妆容

作为点缀的细节，妆容能够起到画龙点睛的作用，可以和整体的造型相得益彰，形成和谐效果，也可以特立独行，彰显风格。在绘制面部妆容的特点时，注意眼睛周围及嘴上的颜色。

2.8.1 同色系妆容

本案例展示的是同色系妆容。同色系的妆容颜色更加和谐，适合日常的风格，也适合与简单舒适的服装进行搭配。在绘制同色系妆容的颜色时，可以通过加深眼部阴影来表现妆容的层次感。

绘画颜色

黄土色　　红色　　洋红色　　群绿色　　岱赭色　　黑色

绘制要点

❶ 眼窝与鼻底的暗面颜色处理
❷ 嘴唇的颜色绘制

绘画工具

❶ 施德楼 HB 自动铅笔
❷ 施德楼橡皮擦
❸ 吴竹固体水彩
❹ 秋宏斋勾线笔

注意眼窝的阴影颜色和眼部妆容的颜色变化。

1 先画出头部轮廓、面部五官细节及发丝的线条。用勾线笔蘸取少量岱赭色加水进行调色，勾勒出面部的外轮廓线条。

2 用勾线笔蘸取少量洋红色和黄土色，加入大量的水进行调色，平铺面部的底色。

3 在调和好的颜色上，加入少许岱赭色，画出眼窝、鼻梁、鼻底及脖子底部的暗面颜色。

4 用勾线笔蘸取少量红色和岱赭色调色，画出眼影的颜色，再次加深鼻底的暗面。再蘸取少量的群绿色画出眼珠的颜色。最后蘸取黑色，勾勒出眼睛的轮廓线条。

5 先用岱赭色和黄土色进行调和，画出脖子的暗面。再用勾线笔蘸取红色画出嘴唇的颜色，嘴唇颜色的明暗根据水量进行深浅调和。

2.8.2 艳丽妆容

本案例展示的是艳丽妆容。这款妆容运用强烈的对比色，产生明显的视觉效果，整体妆容夺目、华丽。绘制对比颜色妆容时，注意只能以一个颜色为重点进行上色，形成一定主次关系的变化，避免过于强烈的颜色对比。

绘画颜色

洋红色　浓绿色　岱赭色　黑色　胭脂色　黄土色

绘制要点

❶ 对比妆容的颜色
❷ 眼影的颜色处理

绘画工具

❶ 施德楼 HB 自动铅笔
❷ 施德楼橡皮擦
❸ 吴竹固体水彩
❹ 秋宏斋勾线笔

眼影的颜色通过深浅过渡来表现，注意加深眼尾的颜色。

1 画出面部五官及头部的轮廓形状，用勾线笔蘸取少许岱赭色勾勒面部的轮廓线条。

2 先蘸取少量黄土色加入大量的水平铺面部底色，再蘸取洋红色和黄土色调和加深鼻梁和面颊的暗面，最后蘸取少量的浓绿色，画出眼影的底色。

3 在调和好的颜色上，加入少许岱赭色，画出眼窝、鼻梁、鼻底及脖子底部的暗面颜色。

4 用勾线笔蘸取浓绿色和黑色加深上下眼睑位置的眼影颜色，再蘸取黑色勾勒出眉毛的颜色和眼睑的轮廓。

5 用勾线笔蘸取黑色画出睫毛的线条，再蘸取胭脂色画出嘴唇的颜色，用已经调好的肤色画出脖子的暗面。

2.8.3 烟熏妆容

  本案例展示的是一款烟熏妆容。烟熏妆容的特点主要在于眼妆,整体的眼部呈现厚重的深色。为了使眼部妆容不会过于深沉,唇部妆容及面颊妆容的颜色可以运用相对较浅的颜色表现。

绘画颜色

浓绿色 紫色 黄土色 洋红色 黑色 岱赭色 红色

绘制要点

① 眼部烟熏妆的颜色变化
② 注意面颊与嘴唇的颜色处理

绘画工具

① 施德楼 HB 自动铅笔
② 施德楼橡皮擦
③ 吴竹固体水彩
④ 秋宏斋勾线笔

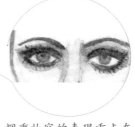

烟熏妆容的表现重点在于眼睛周围的颜色绘制。

1 先用铅笔画出面部的五官及头部的轮廓形状,再用勾线笔蘸取岱赭色勾勒面部轮廓线条。

2 蘸取少量洋红色和黄土色画出眼窝、鼻梁以及下巴的暗面,再加入大量的水,平铺面部底色。

3 蘸取岱赭色加入少量的水加深鼻梁、面颊及脖子的暗面,再蘸取紫色画出眼影的底色。

4 蘸取紫色加入少量的水再次加深眼窝位置眼影颜色,再蘸取少量的黑色,画出眉毛的形状,再加入少量的水,画出眼睛的轮廓及眼皮位置的颜色。

5 先蘸取黑色画出睫毛的线条,再蘸取红色加入大量的水,画出嘴唇的固有色。

2.8.4 艺术妆容

本案例展示的是一款艺术妆容。艺术妆容的装饰性比较强，这款妆容不只限于对眼部进行颜色表现，还可以对整体的五官进行颜色塑造，采用的是多元化的艺术手法。

绘制要点

❶ 艺术妆容的五官颜色的强烈对比
❷ 眼尾颜色的刻画

绘画工具

❶ 施德楼 HB 自动铅笔
❷ 施德楼橡皮擦
❸ 吴竹固体水彩
❹ 秋宏斋勾线笔

艺术妆容的特点在于眼尾、面部及嘴唇的颜色搭配绘制。

1 先画出面部轮廓及五官的线条，再蘸取少许洋红色和岱赭色调和，勾勒出面部轮廓的线条。

2 用勾线笔蘸取洋红色和黄土色调和，画出眼窝、鼻梁、鼻底、下巴和面颊的暗面颜色。

3 用勾线笔蘸取胭脂色画出上眼睑位置的眼影颜色，注意眼尾的细节。再加入大量的水，画出下眼睑的颜色。最后蘸取黑色画出眉毛的颜色，并勾勒眼睛的轮廓。

4 用勾线笔蘸取少量岱赭色加深鼻梁、鼻底、下巴和面颊的暗面颜色，再蘸取蓬色画出眼珠的颜色。

5 用勾线笔蘸取少量橙色和朱色画出嘴唇的颜色，调整水量的多少，画出嘴唇的明暗颜色变化。

第3章

时装与
人体的关系

从宏观绘制服装，即从服装与人体的空间关系入手，来了解服装与人体之间的关系。从服装的廓形入手，能够更加了解服装的分类，帮助设计师确定其设计风格。从局部来绘制服装，可以更加准确地了解服装的特点，对时装画的绘制有更深一层的理解。

3.1 服装与人体的空间关系

　　人体支撑着服装，服装包裹着人体，但同时也给人体留出足够的活动空间。服装与人体之间的空间关系能够对服装外部的造型产生很大的影响。服装与人体之间的空间越小，服装会形成更内收的造型，给人体走动带来局限感；服装与人体之间的空间越大，服装产生的外部造型更有膨胀感，人体的活动空间更大，更自由。

　　在国际着装的原则中，较为正式的场合女性都应该穿着较为紧身的服装，缩小服装与人体的空间关系，使身型更加挺拔、端庄；在非正式场合的着装都较为宽松，服装与人体的空间关系比较大，令人感到舒适、自由。

紧身服装与人体
之间的空间小，
但没有完全贴在
人体上。

宽松服装与人体之
间的空间大，但在
肩部以及胸部等支
撑点与人体贴合。

3.2 服装的廓形

服装造型的外轮廓称为廓形。廓形是指一件或者整套服装展示出来的最为直观的形象，也是第一时间对服装外观产生的视觉印象。很多服装设计师在设计时装系列时也会将廓形视为设计的重要元素。

服装的廓形主要分为五类，分别是 A 形、H 形、O 形、T 形、X 形。

3.2.1 A 形

A 形服装从上至下为梯形，具有逐渐展开的外形，给人可爱、活泼且浪漫的感觉。上衣和大衣以不收腰、宽下摆，或者收腰、宽下摆为基本特征。上衣一般肩部较窄或者裸肩，衣摆宽松肥大，裙子和裤子均以宽摆为特征。

3.2.2 H形

H形服装也称为长方形廓形，主要强调肩部造型，自上而下不收紧腰部，筒形下摆，使人有修长、简约的感觉，具有简约化的风格特点。上衣和大衣以不收腰、窄下摆为基本特征，衣身呈直筒状，裙子和裤子也以上下等宽的直筒状为特征。

3.2.3 O形

  O形服装外轮廓呈椭圆形，具有上下收紧处理的特征。整体造型较为丰满，服装的外轮廓造型可以掩饰身体的缺陷，具有幽默而时髦的特点。

3.2.4 T形

T形服装的外轮廓造型较宽松，通常为连体袖或者插肩袖设计。夸张的肩部设计，收缩的裙摆，此类造型服装在职业女装中经常出现。

3.2.5 X形

    X形服装展现较宽的肩部、收紧的腰部以及自然放开的下摆。X形是较能体现女性优雅气质的造型,具有柔和、优美的女性化风格。上衣和大衣以宽肩、大摆、收腰为基本特征,裙子和裤子也以上下肥大、中间较贴身为特点。

3.3 服装结构线

　　服装结构线是指不同款式的服装在特定位置的结构线。通过服装结构线可以更加准确地把握服装的结构特点。

　　服装结构线属于辅助线条。绘制完整的服装线条，要先确定出服装结构线的位置，才能够更加准确地绘制出比例合适的服装，然后再勾勒出服装的廓形及细节。

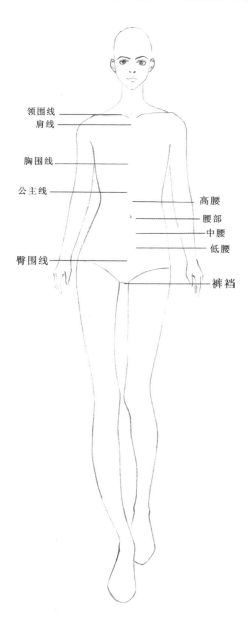

领围线
肩线

胸围线

公主线

高腰
腰部
中腰
低腰

臀围线

裤裆

3.4 服装的局部构成

整体服装的廓形是由服装的各个部件组合而成的。服装的各个部分各有功能性和装饰线，对任一部位进行创新变化都能够改变服装的风格特点，甚至对整体的服装外观有很大的视觉影响。

3.4.1 领子

不同款式的服装通常搭配不同的领型，如衬衫搭配翻折领，西装搭配翻驳领。在表现领子的款式时，需要考虑领子与脖子之间的空间关系和服装本身的结构特点。

绘制翻折领的轮廓线条要注意转折变化。

1 用铅笔先画出脖子的线条，再画出衣领的结构线，注意后领与脖子的穿插关系。

2 根据画出的领子结构线，仔细刻画领子的细节及花边的线条。

3 用黑色勾线笔勾勒出画好的领子轮廓。

多款领子绘画赏析

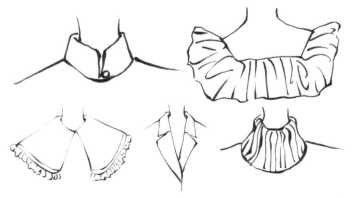

3.4.2 衣袖

　　衣袖是整个服装部件里面较为显眼的部件，在很大程度上，衣袖的形态决定了服装的廓形。和领子一样，一些特定的服装要搭配相应的衣袖。在设计衣袖的时候，也要考虑肩部的形态变化。

绘制要点

❶ 衣袖上的褶皱线条
❷ 衣袖外形的特点

绘画工具

❶ 施德楼 HB 自动铅笔
❷ 施德楼橡皮擦
❸ 黑色勾线笔

衣袖上的褶皱线条要根据衣袖外轮廓的走向进行绘制。

1 先画出肩部与手臂的线条，再勾勒出衣袖的外轮廓。

2 画出袖摆的轮廓，再勾勒出衣袖上的褶皱线条。

3 用黑色勾线笔仔细勾勒衣袖的轮廓，注意外轮廓与褶皱线的虚实变化。

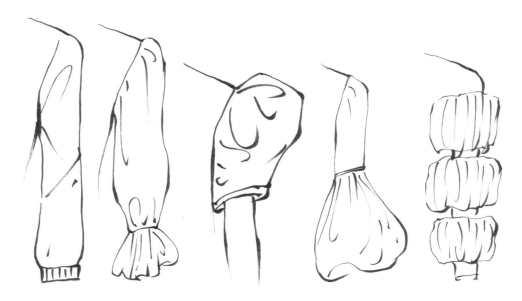

3.4.3 门襟

门襟在服装上的主要功能是通过扣子、拉链等细节部件将服装闭合起来。根据不同的工艺方式，门襟可以分为明门襟和暗门襟，褶皱、花边等装饰设计也大量用在门襟上。

绘制要点

① 门襟的花边线条绘制
② 衣领与门襟的穿插关系

绘画工具

① 施德楼 HB 自动铅笔
② 施德楼橡皮擦
③ 黑色勾线笔

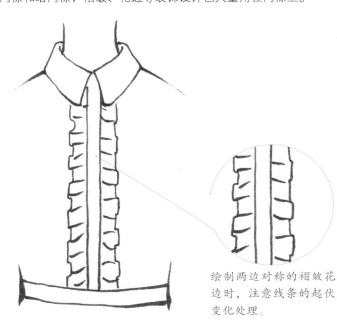

绘制两边对称的褶皱花边时，注意线条的起伏变化处理。

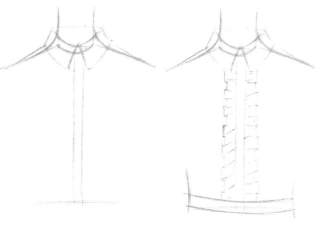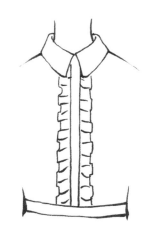

1 先画出颈部与肩部的线条，再画出门襟的线条及翻领的轮廓。

2 在画好的门襟线上，刻画出两边对称的褶皱花边。

3 用黑色勾线笔先画出领子和门襟线，再仔细画出褶皱花边的线条。

多款门襟绘画赏析

3.4.4 腰头

腰头是服装里比较容易忽略的部件，但腰头对下半身服装起到固定的作用，尤其是臀部宽松的裙装或裤子，同时腰头对服装的造型也有调节作用。

绘制要点

❶ 腰头与胯部之间的线条绘制
❷ 裤子门襟的表现

绘画工具

❶ 施德楼 HB 自动铅笔
❷ 施德楼橡皮擦
❸ 黑色勾线笔

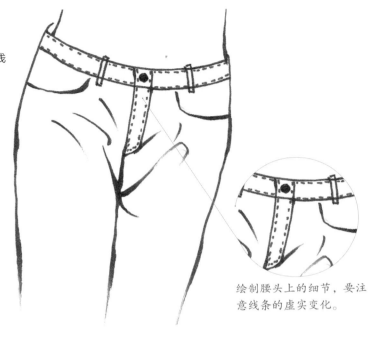

绘制腰头上的细节，要注意线条的虚实变化。

1 先画出胯部和大腿的轮廓，再画出裤子的外轮廓。

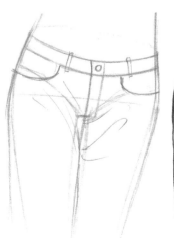

2 刻画腰头的细节和口袋的位置，以及褶皱。

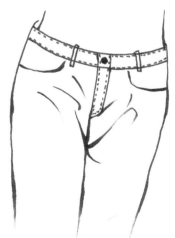

3 用黑色勾线笔先画出裤子的外轮廓，再刻画腰头的细节。

3.4.5 口袋

在服装各部件里，口袋属于功能性部件。虽然口袋不太起眼，但是得益于现在越来越多的服装设计在满足其功能性的同时，将口袋作为装饰性元素进行设计，其样式也越来越丰富。

绘制要点

❶ 口袋的轮廓与线迹的处理
❷ 口袋的厚度

绘画工具

❶ 施德楼 HB 自动铅笔
❷ 施德楼橡皮擦
❸ 黑色勾线笔

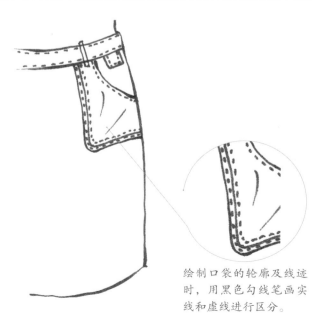

绘制口袋的轮廓及线迹时，用黑色勾线笔画实线和虚线进行区分。

  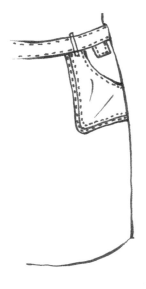

1 画出胯部与腿部的轮廓，再画出裙子的轮廓，找出口袋的位置。

2 用圆顺的线条画出口袋轮廓及其厚度线条。

3 先用黑色勾线笔画出口袋轮廓的实线，然后再画出口袋上的虚线及细节处理。

多款口袋绘画赏析

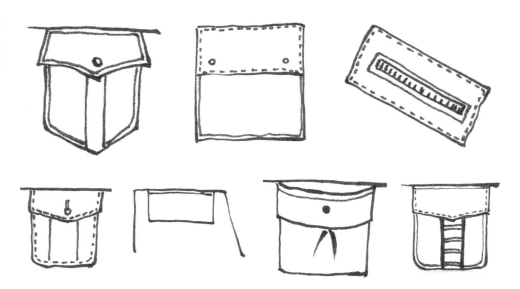

3.5 服装褶皱表现

　　服装的褶皱可以分为两大类，一类是通过人体运动而产生的拉伸褶，这类褶皱在时装画里都会进行弱化处理；另一类是通过工艺手段而形成的具有装饰性的工艺褶，工艺褶也是服装绘制里的一个重点，要借助绘画工具，来表现工艺褶的变化。

3.5.1 垂褶

　　垂褶是工艺褶里最自然的褶皱状态。垂褶是受到重力的影响而产生的垂直向下的褶皱，其形态也受服装面料的影响。

绘制要点

❶ 裙子下摆垂褶的表现
❷ 褶皱线的变化

绘画工具

❶ 施德楼 HB 自动铅笔
❷ 施德楼橡皮擦
❸ 黑色勾线笔

主要通过运笔的松紧变化来绘制线条，达到垂褶的效果。

1 画出人体胯部和腿部的轮廓，在画出的人体上，确定裙子的外轮廓。

2 先画出裙摆的弧度，再勾勒裙子的褶皱变化。

3 用黑色勾线笔画出裙子的外轮廓及裙摆的弧度，再勾勒出褶皱。

 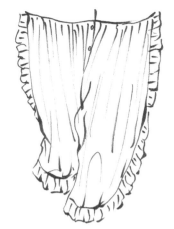 

3.5.2 缠绕褶

　　缠绕褶是指将布料通过缠绕的方式进行工艺设计的褶皱。缠绕褶没有确定的方向，而是根据布料缠绕的方式和走向来确定褶皱的走向。

绘制要点

① 缠绕褶的褶皱线条
② 褶皱线的穿插变化

绘画工具

① 施德楼 HB 自动铅笔
② 施德楼橡皮擦
③ 黑色勾线笔

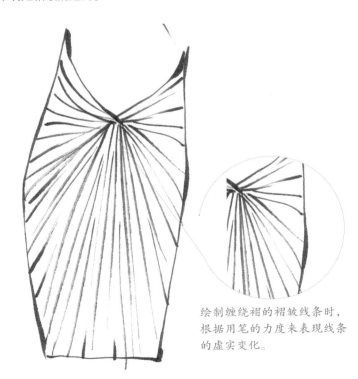

绘制缠绕褶的褶皱线条时，
根据用笔的力度来表现线条
的虚实变化。

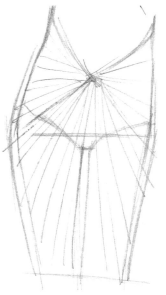
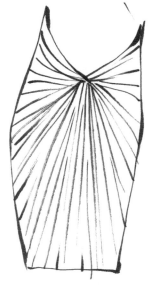

1 画出胯部与腿部的外轮廓,根据画出的人体轮廓,确定缠绕褶的外轮廓。

2 根据确定好的缠绕褶的方向,画出缠绕褶上的褶皱。

3 用黑色勾线笔先勾勒外轮廓,再画出褶皱,注意用笔的虚实变化。

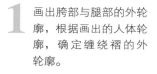

多款缠绕褶绘画赏析

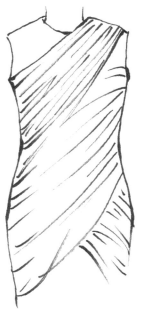

3.5.3 堆积褶

堆积褶也属于一种工艺褶皱表现，它是通过面料堆积而产生的褶皱变化。堆积褶的褶量没有明确固定，会根据设计意图进行变化。

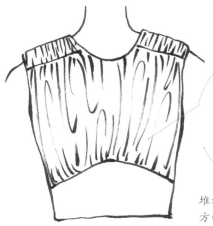

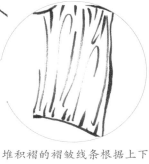

堆积褶的褶皱线条根据上下方向的虚实处理来表现。

1 先画出颈部、肩部和胸腔的轮廓，再画出上衣的外轮廓。

2 画出上衣的分割线条，再仔细刻画褶皱线条的长短变化。

3 用黑色勾线笔画出上衣的轮廓，再根据用笔的力度变化，画出上衣的褶皱变化。

多款堆积褶绘画赏析

3.5.4 折叠褶

　　折叠褶是服装常用的塑形手段。面料的折叠处理增加了厚度和挺括感,使面料能够保持特定的外形。从外观上看,折叠褶可以分为规则折叠褶和不规则折叠褶。

绘制要点

① 折叠褶的摆部线条绘制
② 褶皱线的表现

绘画工具

① 施德楼 HB 自动铅笔
② 施德楼橡皮擦
③ 黑色勾线笔

折叠褶会形成规则的发散型褶纹,绘制时注意观察。

1 先确定人体腿部的轮廓,再画出裙子的外轮廓。

2 根据裙摆的方向,画出折叠褶摆部的起伏变化,再画出褶皱线。

3 用黑色勾线笔勾勒外轮廓,以及裙摆褶皱的起伏,最后画出褶皱线的变化。

多款折叠褶绘画赏析

3.5.5 压褶

压褶是通过特殊加工形式对面料进行定型处理而形成的褶皱。一般压褶采用的是比较薄的面料，褶皱比较细密。

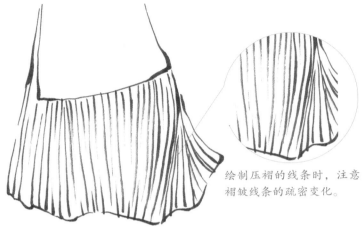

绘制压褶的线条时，注意褶皱线条的疏密变化。

1 根据画好的人体胯部和腿部的轮廓，画出裙子的外轮廓。

2 根据裙摆飘动的方向，画出细密的压褶，注意用排列的线条来表现。

3 用黑色勾线笔先画出外轮廓及分割线条，再刻画细密的压褶线条。

多款压褶绘画赏析

3.5.6 抽褶

  抽褶是因为布料两边长短不一而产生的。将长边布料设计在短边布料的长度内，通过挤压产生起伏，就形成了褶皱。抽褶是不规律的，抽褶的起伏程度和长短是由挤压的宽度决定的。

绘制要点

❶ 抽褶产生的不规则褶皱线的处理

❷ 腰部松紧线条的处理

绘画工具

❶ 施德楼 HB 自动铅笔

❷ 施德楼橡皮擦

❸ 黑色勾线笔

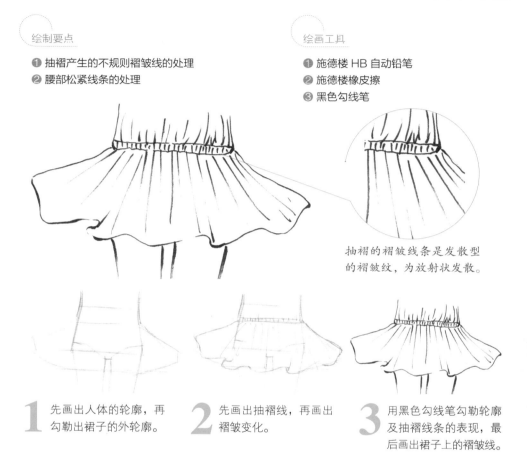

抽褶的褶皱线条是发散型的褶皱纹，为放射状发散。

1 先画出人体的轮廓，再勾勒出裙子的外轮廓。

2 先画出抽褶线，再画出褶皱变化。

3 用黑色勾线笔勾勒轮廓及抽褶线条的表现，最后画出裙子上的褶皱线。

多款抽褶绘画赏析

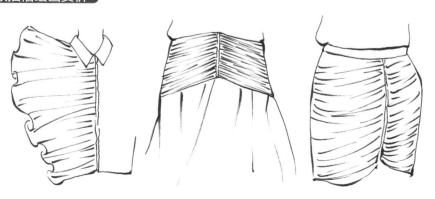

3.6 着装表现

在完整的时装画里，人体和时装是最重要的两部分，缺一不可。一件服装需要靠穿着在人体上展示出来，还会根据人体走动产生的动态，产生一定的变形。单件服装和层叠服装的着装表现也是不一样的，绘画时需要注意各自的特点。

3.6.1 单件服装表现

本案例所选择的是单件连衣裙的服装款式。根据人体走动时手臂摆动产生的动态，左右两只衣袖产生了一大一小的变形，裙摆也因为人体走动产生了一定的弧度变化。

绘制要点

❶ 手臂摆动使衣袖变形的处理
❷ 裙摆与两腿之间空间关系

绘画工具

❶ 施德楼 HB 自动铅笔
❷ 施德楼绘画橡皮
❸ 灰色针管笔
❹ 黑色勾线笔

绘制灯笼袖的重点在于褶皱线条的变化处理。

人体走动时裙摆产生的褶皱变化绘制，还要注意裙摆的前后处理。

1 先画出人体走动时产生的动态，根据胯部的左右扭动，两手臂产生一定的摆动，两腿之间也产生前后空间关系，再画出上半身衣服的外轮廓特点。

2 根据两只手臂摆动的特点，画出左右一大一小的两只衣袖的轮廓，再画出裙摆的宽度和长度。

3 在连衣裙的轮廓线上，用更加圆顺的线条连接完整的连衣裙的外轮廓，并注意裙摆产生的褶皱。

4 根据确定好的连衣裙的外轮廓，先画出灯笼袖的褶皱线条及袖口的形状，再刻画出连衣裙腰部的中心线条，然后画出上半身和下半身的褶皱线变化，最后画出鞋子的轮廓线。

5 在画好的连衣裙和人体的基础上，用灰色针管笔勾勒出人体的轮廓，再用黑色勾线笔画出连衣裙和鞋子的轮廓。注意褶皱线的虚实变化。

3.6.2 层叠服装表现

本案例选择的是多件服装叠穿的视觉效果。多件服装叠穿能增加画面的层次感，但要表现出来会比较复杂。要表现出内外、上下服装之间的穿插关系，也要根据人体走动的动态，画出服装产生的变形。

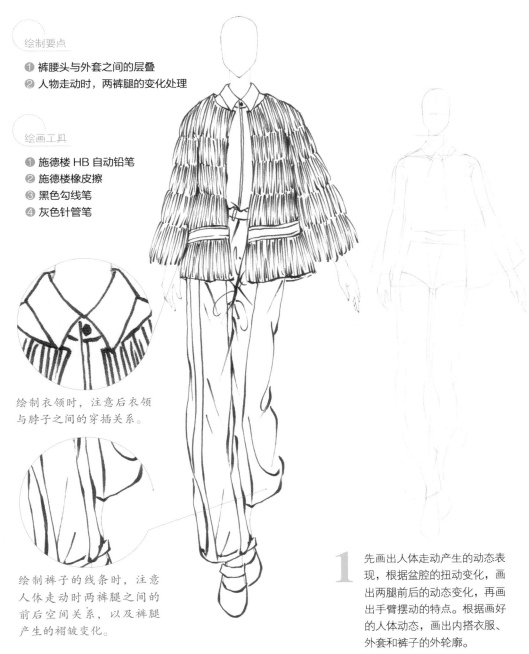

绘制要点

❶ 裤腰头与外套之间的层叠
❷ 人物走动时，两裤腿的变化处理

绘画工具

❶ 施德楼 HB 自动铅笔
❷ 施德楼橡皮擦
❸ 黑色勾线笔
❹ 灰色针管笔

绘制衣领时，注意后衣领与脖子之间的穿插关系。

绘制裤子的线条时，注意人体走动时两裤腿之间的前后空间关系，以及裤腿产生的褶皱变化。

1 先画出人体走动产生的动态表现，根据盆腔的扭动变化，画出两腿前后的动态变化，再画出手臂摆动的特点。根据画好的人体动态，画出内搭衣服、外套和裤子的外轮廓。

2 先擦除衣服上的人体线条，再用圆顺的线条画出内搭衬衫、外套和裤子的轮廓，再刻画出外套的层次线条及裤腿之间的变化。

3 再一次加深内搭衬衫、外套和裤子的轮廓，再画出外套的流苏，注意流苏线条的疏密变化，最后画出衬衫的门襟线条。

4 先刻画出裤腰头的细节，再画出裤子门襟的特点及裤子上的装饰线条和褶皱线条的变化，最后画出鞋子的轮廓线条变化。

5 先用灰色针管笔画出人体的轮廓，然后用黑色勾线笔画出衬衫的线条。再仔细刻画流苏外套的线条变化，最后画出裤子的内外线条变化及鞋子的线条。

第 4 章

时装
面料质感

  面料质感的表现是时装画绘制的重点，不同的面料能够展现不一样的时装特质。通过对服装的色彩、造型以及细节处理，能够绘画出多种面料表现。本章节通过学习多种面料的质感案例，来掌握多种面料质感的绘制方法。

4.1 薄纱面料

本案例选择的是同色系拼接的薄纱裙。在绘制表现薄纱面料的时装画时，首先通过对人体动态、薄纱裙上半部分及裙摆摆动的线条的刻画来表现薄纱的飘逸和透明度。然后通过对门襟飘带上装饰花边的绘制，与薄纱的透明质感进行对比。薄纱面料柔软的质感要通过裙摆上的褶皱线条体现出来，所以在绘制时，既要表现薄纱裙整体的款式特点，也要细致刻画裙摆的褶皱，从而体现薄纱面料质感。

绘制要点

❶ 表现出头发的线条走向以及明暗颜色变化
❷ 多层薄纱裙褶皱颜色的处理

绘画工具

❶ 施德楼自动铅笔
❷ 施德楼橡皮擦
❸ 华虹全套毛笔
❹ 马利牌全套勾线笔
❺ 宝虹全棉水彩纸
❻ 吴竹固体水彩颜料
❼ 调色盘
❽ 吸水海绵

绘画颜色

白色	青草色	水色	黄土色	胭脂色
红梅色	洋红色	黑色	焦茶色	蓝色
群青色	红色	岱赭色	橙色	朱色

绘制头发。先画出头发的顶部层次及发丝的走向，然后用水彩颜料平涂出头发的明暗颜色，再次细节刻画头发的暗面及发丝的线条。

表现薄纱裙的质感时，先用铅笔画出褶皱线条的虚实变化，再用水彩颜料平铺的底色，然后用毛笔蘸取调好的暗面颜色一点一点地勾勒暗面线条，表现薄纱裙的层次感。

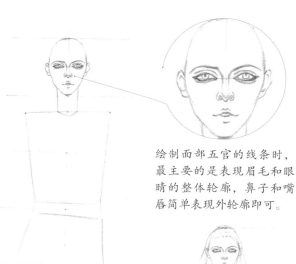

绘制面部五官的线条时，
最主要的是表现眉毛和眼
睛的整体轮廓，鼻子和嘴
唇简单表现外轮廓即可。

1 先用铅笔画出一条中心
线，再画出头顶最高处和
脚部最低处的线条，然后
将中心线九等分。再画出
头部的外轮廓以及五官，
最后画出脖子、胸腔和盆
腔的动态轮廓线条。

2 先画出手臂和腿部的线
条，注意两腿之间的前后
空间关系。在画好的人体
动态上，勾勒出薄纱裙的
大致外轮廓。

3 根据上一步画好的薄纱
裙的外轮廓，仔细勾勒
出门襟细节以及飘带，
再画出分层裙摆的褶皱，
最后画出手提包和鞋子
的整体线条。

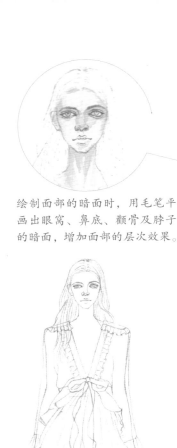

绘制面部的暗面时，用毛笔平画出眼窝、鼻底、颧骨及脖子的暗面，增加面部的层次效果。

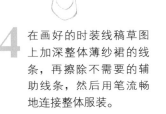

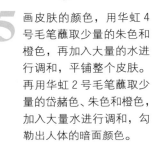

4 在画好的时装线稿草图上加深整体薄纱裙的线条，再擦除不需要的辅助线条，然后用笔流畅地连接整体服装。

5 画皮肤的颜色，用华虹4号毛笔蘸取少量的朱色和橙色，再加入大量的水进行调和，平铺整个皮肤。再用华虹2号毛笔蘸取少量的岱赭色、朱色和橙色，加入大量水进行调和，勾勒出人体的暗面颜色。

6 画出面部五官的颜色。先用勾线笔2号蘸取少量的岱赭色和焦茶色，调和大量的水勾勒出眉毛的颜色。洗干净毛笔，再蘸取少量的黑色加入水调和，画出眼睛的轮廓及眼皮的线条。再一次洗干净毛笔，用海绵吸掉毛笔上的水量，蘸取少量的群青色和蓝色加入大量的水调和，画出眼珠的颜色。最后再用毛笔蘸取少量的红色加入水进行调和，画出嘴唇的颜色和腮红的颜色。

绘制头发暗面的颜色时，注意控制毛笔上的水量，画出头发的明暗过渡色，以及几根飘逸的发丝。

7 画出头发的颜色。用华虹4号毛笔蘸取少量岱赭色调和大量的水，用平涂的方式平铺头发的底色，再用毛笔蘸取少量的岱赭色和黑色加入水进行调和，用平涂的方式画出头发的暗面。

8 画出上半身和粉色裙摆的颜色。用华虹8号毛笔蘸取少量洋红色和红梅色，加入大量的水进行调和，平铺画出粉色裙摆的底色，在调好的颜色上面再一次加入大量的水，平铺画出上半身衣身的颜色。

9 在上一步骤调色的基础上，用华虹8号毛笔蘸取少量红色和胭脂色，加入大量的水调和，平铺画出下部分裙摆的底色。再用毛笔蘸取少量橙色和黄土色加入水分别调和，画出门襟飘带的颜色。再用勾线笔5号蘸取少量的水色加入水调色，平涂手提包的底色。最后再用勾线笔5号蘸取少量岱赭色和黄土色加入水调和，平铺鞋子的底色。

绘制裙摆的暗面颜色时，根据画好的铅笔线条的位置进行勾勒。

10 先用勾线笔 2 号蘸取少量橙色和黄土色加水调和，再一次平涂门襟飘带的固有色。用勾线笔 5 号蘸取少量洋红色和朱色加水调和，用扫笔的方式勾勒粉色裙摆及肩部的褶皱暗面。再用勾线笔 5 号蘸取少量的红色加水，并蘸取洋红色和胭脂色进行调和，用扫笔的方式勾勒下部分裙摆的暗面。

11 用勾线笔 2 号再一次蘸取红色、洋红色和胭脂色加入少量的水调和，画出每层裙摆的底色。再用勾线笔 00 号蘸取少量黑色加水调和，勾勒门襟飘带的轮廓和细节。

12 画手提包的颜色。用勾线笔 2 号蘸取群青色和蓝色，加入少量的水调色，勾勒出包的阴影位置。在调和的颜色上再一次加入大量的水，平涂包的固有色。再用勾线笔 2 号蘸取少量洋红色和朱色加水调和，画出包上的红色，最后再用勾线笔 00 号蘸取少量黑色加水调和，勾勒包的轮廓。

13 画出鞋子的颜色。先用勾线笔2号蘸取少量的青草色和黄土色分别加水调和，勾勒出鞋面的图案颜色，再把调好的两种颜色加水调和，平涂出鞋子的固有色。最后用勾线笔00号蘸取少量的黑色加深调和，勾勒出鞋子的轮廓。

14 用勾线笔00号先蘸取少量的水，再蘸取白色颜料直接点缀出门襟飘带的亮面、手提包的亮面及鞋子的亮面。

4.2 牛仔面料

　　本案例选择的是浅色牛仔马甲。牛仔布最大的特点就是厚实耐磨，表面有比较清晰的纹理，所以在绘制牛仔面料的质感时，要表现出面料的挺括感及其纹理。颜色较浅的牛仔马甲搭配白色系的T恤和长裙，更能够表现出牛仔面料的特点。

绘制要点

❶ 两只手臂摆动产生的前后空间关系
❷ 牛仔马甲的面料质感绘制

绘画工具

❶ 施德楼自动铅笔
❷ 施德楼橡皮擦
❸ 华虹全套毛笔
❹ 马利牌全套勾线笔
❺ 宝虹全棉水彩纸
❻ 吴竹固体水彩颜料
❼ 调色盘
❽ 吸水海绵

绘画颜色

白色	黑色	蓝色	群青色	白群色	橙色
红色	焦茶色	藤黄色	黄土色	洋红色	

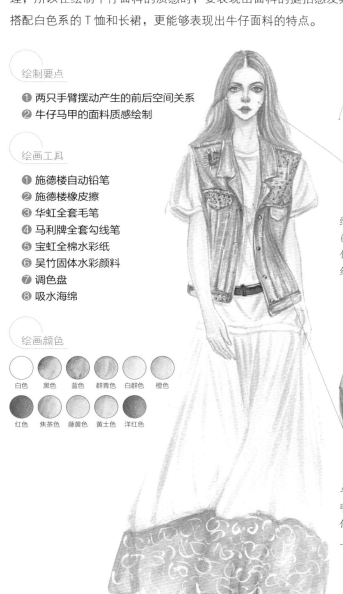

绘制头发时，先平铺头发的底色，再画出头发的明暗颜色变化，最后用勾线笔勾勒发丝的线条。

牛仔面料的质感处理。先画出明暗颜色变化，再仔细刻画牛仔布料的纹理，最后画出马甲上面的钉珠颜色。

注意人体扭动时，牛仔马甲左右两边下摆一长一短的线条变化。

2 在画出的头部轮廓上，确定出正面五官的位置，再刻画出五官的细节，然后根据画好的人体动态，画出T恤、牛仔马甲及长裙的外轮廓，最后确定腰带的位置。

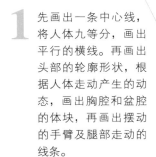

1 先画出一条中心线，将人体九等分，画出平行的横线。再画出头部的轮廓形状，根据人体走动产生的动态，画出胸腔和盆腔的体块，再画出摆动的手臂及腿部走动的线条。

注意腿部走动产生的前后两腿的变化。

3 确定发际线的位置，画出头发的走向及前额飘逸的头发丝。再根据确定好的服装外轮廓，画出马甲上的装饰线条及褶皱线，然后确定腰带的细节，最后画出T恤和长裙褶皱线的变化。

绘制面部暗面颜色时，再次加入大量的清水过渡，画出眼尾和面颊的颜色，使面部颜色富有层次感。

4 用勾线笔2号蘸取少量洋红色和黄土色，加入少量的水进行调和，勾勒出人体的外轮廓。再用勾线笔2号蘸取蓝色加水调和，画出牛仔外套的轮廓。再蘸取焦茶色，勾勒出T恤和长裙的轮廓，在焦茶色上加入黄土色调和，勾勒出发丝的线条。最后用勾线笔2号蘸取黑色，勾勒腰带的轮廓。

5 用勾线笔5号蘸取洋红色和黄土色，加入大量的水调和，平铺出皮肤的底色。在调好的颜色上面，再蘸取少量洋红色、黄土色和红色调和，加深眼窝、眼尾、鼻梁、鼻底、下巴、脖子和手臂的暗面颜色。

6 用华虹4号毛笔蘸取藤黄色加清水调和，平铺出头发的底色。再蘸取橙色和黄土色加水调和，画出头发的暗面。最后蘸取少量的黄土色和焦茶色加水调和，画出头发与脖子位置的暗面。

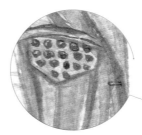

绘制马甲颜色的过渡时，在铺底的颜色还没有全干的状态下绘制暗面颜色，明暗颜色之间的过渡会比较自然。

7 用勾线笔 2 号蘸取洋红色、黄土色和红色加水调和，再一次加深鼻梁和鼻底的暗面，以及脖子底面的暗面。再用勾线笔 00 号蘸取蓝色加水调和，画出眼珠的颜色。再蘸取黑色，画出眉毛的颜色及眼睛的外轮廓，然后用勾线笔 00 号蘸取红色加水调和，画出嘴唇的颜色。

8 用华虹 6 号毛笔蘸取白群色和少量的群青色，加入大量的清水调和，平铺画出马甲的底色，并再一次画出马甲暗面的颜色。然后用勾线笔 2 号蘸取群青色加水调和，画出马甲上布贴的颜色。

9 用华虹 4 号毛笔蘸取群青色和蓝色加入清水调和，画出马甲的暗面颜色。再蘸取蓝色画出布贴的暗面，然后蘸取蓝色、焦茶色和黑色加水调和，画出马甲的暗面，最后用勾线笔 2 号蘸取黑色，画出马甲上面的点缀物。

10 用华虹6号毛笔蘸取黑色加入大量的清水调和，平铺画出长裙裙摆的底色，再用华虹4号毛笔蘸取黑色加入少量的水调和，画出裙摆的暗面，然后画出T恤和长裙褶皱线的暗面颜色。

11 用勾线笔5号蘸取大量的黑色加入少许清水调和，先画出腰带的固有色，再画出鞋子的固有色。注意鞋子和裙摆位置的颜色过渡。

12 用勾线笔00号蘸取大量白色调和，先勾勒出马甲上装饰物的亮面及马甲的高光，再绘制出腰带和鞋子的亮面，最后勾勒出裙摆的细节。

4.3 针织面料

本案例选择的是较为宽松的中长款毛衣。这款毛衣由较粗的织线编织而成，质地比较厚实，具有较大的弹性，所以针织类的服装通常比较柔软、温暖。绘制这款针织面料的毛衣时，注意毛衣采用的是麻花辫的花纹图案，要表现出面料的立体感。

绘制要点

1 针织毛衣质感的细节处理
2 腿部走动的空间变化处理

绘画工具

1 施德楼自动铅笔
2 施德楼橡皮擦
3 华虹全套毛笔
4 马利牌全套勾线笔
5 宝虹全棉水彩纸
6 吴竹固体水彩颜料
7 调色盘
8 吸水海绵

绘画颜色

白色　藤黄色　岱赭色　黑色　焦茶色

赤朱色　朱色　橙色　黄土色　洋红色

绘制面部妆容时，要重点表现眼部眼影及腮红的颜色。

表现针织面料的质感时，先画出面料的明暗颜色变化，再用勾线笔勾勒麻花辫的立体效果。

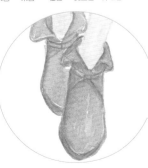

绘制鞋子时，先勾勒出鞋子的前后空间关系，再画出鞋子的明暗颜色变化。

针织面料范例

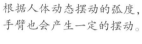

根据人体动态摆动的弧度，手臂也会产生一定的摆动。

1 先画出一条中心线，确定出头部的最高点和最低点，画出头部的外轮廓形状，再确定出五官的位置，仔细勾勒出五官的形状。注意眉毛与鼻梁间连接线条的绘制。再确定发际线的位置，画出头发的造型，然后仔细刻画头发上的发丝及耳朵位置发丝的线条。

2 根据画好的头部，从下巴中心画一条垂直向下的直线，再画出胸腔和盆腔体块。根据人体动态，画出手臂摆动的轮廓以及腿部走动的前后变化。

3 在画好的人体动态上，画出服装款式特点。先画领子的细节，再画出肩部、宽松衣身的轮廓，然后画出衣袖的轮廓。仔细刻画袖口和衣摆边的花边，最后画出鞋子的轮廓。

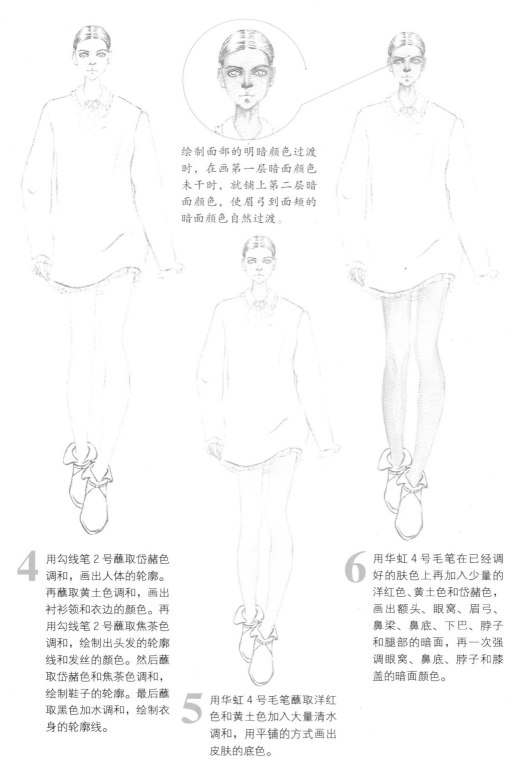

绘制面部的明暗颜色过渡时，在画第一层暗面颜色未干时，就铺上第二层暗面颜色，使眉弓到面颊的暗面颜色自然过渡。

4 用勾线笔2号蘸取岱赭色调和，画出人体的轮廓。再蘸取黄土色调和，画出衬衫领和衣边的颜色。再用勾线笔2号蘸取焦茶色调和，绘制出头发的轮廓线和发丝的颜色。然后蘸取岱赭色和焦茶色调和，绘制鞋子的轮廓。最后蘸取黑色加水调和，绘制衣身的轮廓线。

5 用华虹4号毛笔蘸取洋红色和黄土色加入大量清水调和，用平铺的方式画出皮肤的底色。

6 用华虹4号毛笔在已经调好的肤色上再加入少量的洋红色、黄土色和岱赭色，画出额头、眼窝、眉弓、鼻梁、鼻底、下巴、脖子和腿部的暗面，再一次强调眼窝、鼻底、脖子和膝盖的暗面颜色。

7 画出头发的颜色。用华虹4号毛笔蘸取岱赭色和焦茶色加水调和，画出头发的底色，头发亮面直接留白。再用勾线笔2号蘸取焦茶色和黑色加水调和，加深头发的暗面。最后蘸取黑色勾勒出耳朵位置发丝的线条。

8 用勾线笔00号蘸取橙色和藤黄色加水调和，画出眼影的颜色，注意强调眼尾颜色。再蘸取黄土色画出眼珠的颜色，然后蘸取赤朱色和朱色加水调和，画出嘴唇的固有色。最后蘸取黑色，勾勒出眼睛的轮廓形状。

9 用华虹6号毛笔蘸取焦茶色和黑色加入大量清水调和，平铺画出毛衣的底色。

10 用华虹 4 号毛笔蘸取焦茶色和黑色加入清水调和，画出毛衣的暗面颜色。绘制毛衣的暗面颜色时，先画出衣袖和衣身位置的暗面，再画出衣袖和衣身褶皱线的暗面颜色。

11 用勾线笔 00 号蘸取黑色加入清水调和，勾勒出毛衣衣身部分的质感纹理。注意绘制毛衣的纹理时，先画出各个小轮廓，再画出每个小轮廓的细节。

12 用勾线笔 00 号蘸取黑色加水调和，勾勒出衣袖位置的质感表现。注意手臂摆动衣袖的质感纹理。再用勾线笔 2 号蘸取黄土色和藤黄色加水调和，画出衣领、袖口和衣摆位置花边的颜色。

13 用华虹4号毛笔蘸取橙色和岱赭色加水调和，画出鞋子的底色，在调和的颜色里面加入少量的焦茶色，画出鞋底的暗面颜色。

14 用勾线笔蘸取白色，先画出毛衣位置的高光颜色，注意用笔，再画出鞋子的高光颜色。

4.4 条纹面料

本案例选择的是小立领的无袖条纹裙。这款裙子运用竖条纹和横条纹面料拼接的特色，搭配白色蕾丝短袖，整体服装风格亮丽清新。条纹面料外形比较挺括，排列规律，绘制时，要注意条纹的明暗颜色变化。

绘制要点

1. 无袖条纹裙的明暗颜色变化
2. 面部妆容的绘制处理

绘画工具

1. 施德楼自动铅笔
2. 施德楼橡皮擦
3. 华虹全套毛笔
4. 马利牌全套勾线笔
5. 宝虹全棉水彩纸
6. 吴竹固体水彩颜料
7. 调色盘
8. 吸水海绵

绘画颜色

白色　藤黄色　美蓝色　胭脂色　山吹色

黑色　蓝色　红色　岱赭色　橙色

黄土色　洋红色

绘制面部妆容时，要注意加深眼窝及鼻底的暗面，再画出眼影的颜色。

绘制短靴时，先要画出靴子的明暗颜色变化和鞋底的厚度，再勾勒出亮面的颜色。

1 先画出人体的动态，注意两手臂的摆动。再确定面部五官的轮廓，画出头发的造型。然后根据画好的人体动态，确定无袖条纹裙的外轮廓造型。仔细刻画领部、衣袖与裙摆的细节，再确定出无袖条纹裙的腰线。最后画出手提包和鞋子的轮廓。

2 用勾线笔 00 号蘸取岱赭色调和后勾勒出人体的轮廓，再蘸取黑色画出无袖条纹裙的轮廓。然后加入清水调和，勾勒出头发的造型和耳朵位置发丝的线条，以及手提包的轮廓。最后蘸取蓝色加水调和勾勒鞋子的轮廓。

3 用华虹 4 号毛笔蘸取洋红色、黄土色和藤黄色加水调和，平铺皮肤的底色，再蘸取黄土色调和，加深额头、眉弓、眼窝、鼻梁、鼻底、面颊、下巴、脖子和腿部位置暗面颜色。

4 用勾线笔 2 号蘸取洋红色和黄土色加水调和后，加深眼窝、鼻底、脖子和膝盖位置的暗面。再蘸取红色画出嘴唇的颜色，加水调和之后画出眼影和面颊的颜色。然后蘸取蓝色画出眼珠的颜色。最后蘸取黑色，画出眉毛的颜色及眼睛的轮廓。

5 先用华虹 4 号毛笔蘸取黄土色、山吹色和岱赭色加入大量清水调和，平铺头发的底色，再用勾线笔 2 号蘸取岱赭色和黑色加水调和，画出头发的暗面。最后勾勒出头发丝的线条。

6 用勾线笔 5 号蘸取藤黄色加水调和，画出无袖条纹裙上面的条纹底色。注意下半身两边不对称的条纹。再蘸取红色加入少量的清水调和，画出无袖条纹裙的细节颜色。

7 用勾线笔5号蘸取黑色调和清水，画出黑色条纹的底色。注意控制水量，画出比较清晰的条纹颜色。

8 加深条纹的颜色。用勾线笔5号蘸取橙色和山吹色加清水调和，加深条纹的颜色，再蘸取黑色加少量的水调和，加深黑色条纹的颜色。

9 用勾线笔2号蘸取红色和胭脂色加水调和，加深装饰颜色。再蘸取美蓝色加水调和，画出鞋子的底色。最后蘸取蓝色加深鞋子的暗面。

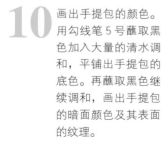

10 画出手提包的颜色。用勾线笔 5 号蘸取黑色加入大量的清水调和，平铺出手提包的底色。再蘸取黑色继续调和，画出手提包的暗面颜色及其表面的纹理。

11 画出衣袖的颜色。用勾线笔蘸取少量黑色加入大量的清水调和，画出衣袖的底色。再蘸取白色调和，勾勒出衣袖的细节。

12 用勾线笔 00 号蘸取白色调和，先画出无袖条纹裙的高光，增加条纹面料的光泽，再画出手提包和鞋子的高光。最后蘸取黑色画出耳环的颜色。

4.5 印花面料

本案例选择的是带有复古特色的印花图案短裙。印花面料颜色多样，质地通常比较柔软。在绘制印花短裙时，先对其整体明暗关系进行绘制，再表现出印花图案附在短裙上的形状，最后处理好图案的主次关系。

绘制要点

① 头发与帽子前后空间关系的处理
② 印花短裙图案的主次关系

绘画工具

① 施德楼自动铅笔
② 施德楼橡皮擦
③ 华虹全套毛笔
④ 马利牌全套勾线笔
⑤ 宝虹全棉水彩纸
⑥ 吴竹固体水彩颜料
⑦ 调色盘
⑧ 吸水海绵

绘画颜色

白色　山吹色　青草色　紫色　黑色

胭脂色　蓝色　藤黄色　橙色　朱色

焦茶色　黄土色　洋红色

绘制帽子与头发的空间关系时，注意帽子是戴在头发上的，与耳朵位置的头发会产生一定的覆盖关系。

绘制印花短裙的印花图案时，先画出大面积的整体底色，再勾勒局部印花的特点。

绘制衣领时，注意后衣领从脖子后面绕到前衣领的位置。

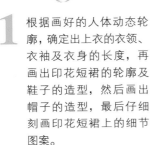

1 根据画好的人体动态轮廓，确定出上衣的衣领、衣袖及衣身的长度，再画出印花短裙的轮廓及鞋子的造型，然后画出帽子的造型，最后仔细刻画印花短裙上的细节图案。

2 用勾线笔 00 号蘸取洋红色和黄土色勾勒人体轮廓。再蘸取黄土色勾勒印花短裙的轮廓，在颜色上加入橙色调和，勾勒帽子的轮廓。然后蘸取焦茶色勾勒头发和鞋子的轮廓。接着蘸取黑色，勾勒上衣的轮廓。最后蘸取胭脂色调和，勾勒上衣上花朵的轮廓。

3 用华虹 4 号毛笔蘸取洋红色、黄土色和藤黄色，加水调和，画出皮肤的底色，再继续加入藤黄色和少许的焦茶色调色，画出眼窝、眉弓、鼻梁、鼻底、脖子及腿部的暗面颜色。

绘制头发的颜色。铺底色时用大色块进行上色，绘制暗面颜色时注意区别小色块进行上色。

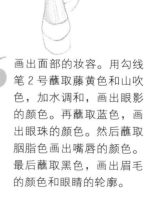

4 用华虹4号毛笔蘸取黄土色和焦茶色加清水调和，平铺头发的底色。继续蘸取焦茶色调色画出头发的暗面。再蘸取黑色加水调和，画出发丝的线条。

5 用勾线笔5号蘸取橙色，加入大量的清水调和，画出帽子的底色。再蘸取橙色、朱色加水调和，画出帽子的条纹颜色，再蘸取焦茶色调和，勾勒出帽子的细节。

6 画出面部的妆容。用勾线笔2号蘸取藤黄色和山吹色，加水调和，画出眼影的颜色。再蘸取蓝色，画出眼珠的颜色。然后蘸取胭脂色画出嘴唇的颜色。最后蘸取黑色，画出眉毛的颜色和眼睛的轮廓。

7 用华虹 4 号毛笔蘸取紫色，加入大量的清水调和，平铺上衣的底色。再蘸取紫色和少量蓝色调和，加深上衣的暗面及褶皱线位置的颜色。

8 用勾线笔 2 号蘸取洋红色加入清水调和，画出上衣花朵的底色。再用勾线笔 00 号蘸取胭脂色，勾勒出花朵的暗面颜色。再蘸取黑色，勾勒出花朵上绑带的颜色。

9 绘制出腰带的颜色。用勾线笔 2 号蘸取朱色加水调和，画出腰带的底色。再用勾线笔 00 号蘸取胭脂色和洋红色加水调和，画出腰带的暗面颜色。注意明暗颜色自然过渡。

10 用勾线笔2号蘸取洋红色加水调和，画出印花短裙上花朵的颜色。再蘸取青草色加水调和，画出叶子的底色。再蘸取藤黄色加水调和，画出花瓣的底色。

11 用华虹4号毛笔蘸取山吹色和藤黄色加水调和，平铺印花短裙的底色。再蘸取黄土色和少许的焦茶色调色，加深印花短裙的暗面颜色及裙摆褶皱的暗面。

12 用勾线笔2号蘸取洋红色和朱色加水调和，画出花朵小鸟图案的深色。再蘸取青草色和焦茶色加水调和，画出树叶的深色。最后蘸取藤黄色和黄土色加水调和，画出花瓣和小鸟图案的深色。

13 画出鞋子的颜色。用勾线笔 2 号蘸取焦茶色和黄土色，加入大量的清水调色，平铺鞋子的底色。再加入焦茶色和黑色继续调和，加深鞋子的暗面。

14 用勾线笔 00 号蘸取白色，先勾勒出上衣花朵的高光，再画出腰带的细节。然后画出印花短裙的亮面及图案上的高光。最后画出鞋子的高光。

4.6 皮革面料

　　本案例选用的是比较轻薄的皮革面料，质地比较柔软，也有一定的挺括感和厚重感。在绘制皮革面料的质感表现时，注意皮革的明暗颜色及褶皱的绘制，通过高光来体现皮革的光泽质感。

绘制要点

❶ 皮革外套面料的质感表现
❷ 注意裤子与腿部的前后空间变化

绘画工具

❶ 施德楼自动铅笔
❷ 施德楼橡皮擦
❸ 华虹全套毛笔
❹ 马利牌全套勾线笔
❺ 宝虹全棉水彩纸
❻ 吴竹固体水彩颜料
❼ 调色盘
❽ 吸水海绵

绘画颜色

白色　橙色　山吹色　红色　美蓝色
黑色　焦茶色　藤黄色　黄土色　洋红色

绘制这款短发时，注意表现头顶的蓬松感，以及发尾的处理。

要表现皮革外套的面料质感，先要画出面料的明暗颜色，再刻画皮革的高光。

绘制鞋子的轮廓时，注意前后鞋子的轮廓变化处理。

1 先画出人体走动的动态表现，再确定出面部五官及发型。然后画出内搭上衣和皮革外套的轮廓，注意外套衣领的细节绘制。再绘制裤子的轮廓，最后画出手提包和鞋子的轮廓。

2 用勾线笔00号蘸取洋红色和黄土色加水调和，勾勒人体的轮廓。再蘸取黑色调和，画出外套、内搭上衣和裤子的轮廓及褶皱线。再蘸取山吹色加水调和，画出手提包的轮廓。

3 用华虹4号毛笔蘸取藤黄色和洋红色加水调和，平铺皮肤的底色，再蘸取黄土色继续调和，画出眼窝、眉弓、鼻底、面颊、下巴、脖子和手部的暗面颜色。

4 画出头发的颜色。先用华虹 4 号毛笔蘸取黄土色和焦茶色加水调和，平铺头发的底色，再蘸取焦茶色和少量黑色加水调和，画出头发的暗面。注意头顶头发的明暗颜色变化。

5 用勾线笔 2 号蘸取焦茶色加水调和，画出眼影的颜色。再蘸取美蓝色加水调和，画出眼珠的颜色。再蘸取黑色，画出眉毛的颜色及眼睛的轮廓。最后蘸取洋红色和红色加水调和，画出嘴唇的固有色。

6 用华虹 4 号毛笔蘸取黄土色和藤黄色加水调和，画出外套外翻领颜色。继续加入焦茶色调和，画出内搭上衣的底色。再用勾线笔 5 号蘸取黑色，加入少量清水调和，点缀出内搭上衣的细节。

7 画出皮革外套的颜色，注意皮革颜色的明暗是通过控制水分来表现出来。用华虹 6 号毛笔蘸取黑色，加入大量清水调和，平铺画出外套的底色。再继续加入黑色调和，画出衣袖、衣领位置的暗面颜色。

8 用华虹 4 号毛笔蘸取黑色加入少量的清水调和，继续加深外套的暗面颜色，再用一只加入清水的 5 号勾线笔画出衣袖和衣身的亮面，增加外套明暗颜色对比。

9 用华虹 6 号毛笔蘸取红色加入大量的清水调和，平铺裤子的底色。再用勾线笔 5 号蘸取红色，加入少量的清水调和，画出裤子上的条纹颜色。

10 用勾线笔2号蘸取红色加水调和，画出横线条纹的颜色。再蘸取黑色加大量清水调和，画出横线灰色条纹的颜色。

11 用勾线笔2号蘸取黑色加入清水调和，画出鞋子的颜色。再蘸取黄土色和焦茶色加水调和，画出鞋底的颜色。然后用勾线笔5号蘸取山吹色加水调和，画出手提包的底色。最后蘸取橙色和藤黄色加水调和，画出手提包的暗面颜色。

12 用勾线笔00号蘸取白色，画出外套的高光颜色，注意衣袖位置的高光颜色绘制。再画出鞋子的高光。

4.7 皮草面料

　　本案例选择的是短款长毛皮草外套，搭配同色系的长裙，表现出皮草外套的厚实质感与皮草毛的特点。绘制皮草外套时，要注意皮草的厚重感以及皮草毛质感的表现。皮草本身是比较柔暖的面料，要通过虚实变化来表现出来。

白色	岱赭色	金色	朱色	黑色
焦茶色	美蓝色	红色	牡丹色	山吹色
黄土色	洋红色			

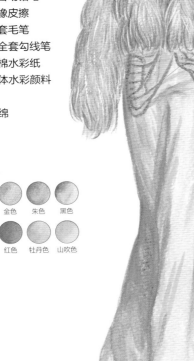

绘制这款长毛皮草面料时，先刻画皮草轮廓方向，再画出皮草的明暗颜色变化，最后再勾勒皮草毛。

裙摆的飘逸感是通过两腿走动产生的，要注意裙摆褶皱的暗面颜色绘制。

1 先画出一条中心线，再画出九等分的横线。确定头部的最高点和最低点，画出头部的外轮廓形状，然后画出胸腔和盆腔扭动的体块，最后画出摆动的手臂和走动的腿部。

2 根据画好的头部轮廓，确定出面部五官的位置，再仔细刻画面部五官的轮廓形状，注意两眼之间的距离。确定发际线，画出头发的整体造型，最后勾勒发丝的线条。

3 在画好的人体动态上，画出服装的款式。先确定皮草外套和长裙的外轮廓，再仔细勾勒皮草外套的细节，最后画出裙摆的线条及长裙上的装饰线。

4 用勾线笔2号蘸取朱色、岱赭色和橙色加水调和，勾勒出皮草毛的线条，注意皮草毛的线条要根据衣身的走向绘制。再绘制出头发丝的线条及长裙的轮廓。

5 用勾线笔00号蘸取黑色，勾勒出眼睛、鼻子和唇中线的线条。再绘制出鞋子的轮廓，然后蘸取焦茶和岱赭色加水调和，画出眉毛的颜色。最后擦除铅笔的底稿。

6 用勾线笔5号蘸取洋红色和黄土色加水调和，平铺皮肤的底。再加入岱赭色继续调和，加深额头、眼窝、眉弓、面颊、鼻底、下巴、脖子和脚背的暗面颜色，再一次加深眼窝、鼻底与脖子的暗面。

7 用勾线笔2号蘸取牡丹色加水调和，画出眼影的颜色。再蘸取美蓝色加水调和，画出眼珠的颜色。然后蘸取红色和朱色加少量清水调和，画出嘴唇的固有色。

8 画出头发的颜色。用勾线笔5号蘸取山吹色和黄土色加水调和，画出头发的底色。再用勾线笔2号蘸取黄土色和焦茶色加水调和，画出头发的暗面颜色。

9 在画好的皮草线条的基础上，画出皮草毛的颜色。用华虹4号毛笔蘸取橙色和少量的朱色加水调和，平铺皮草毛的底色。继续加入橙色调和，加深皮草的暗面，再用勾线笔2号蘸取橙色和岱赭色，加少量清水调和，勾勒皮草毛线条。

10 用勾线笔2号蘸取岱赭色和焦茶色调色，继续勾勒皮草毛的暗面线条。再用勾线笔00号蘸取白色，勾勒皮草毛的白色线条，增加皮草外套的层次感。

11 用华虹6号毛笔蘸取岱赭色加入大量清水调和，平铺长裙的底色。再用华虹4号毛笔蘸取岱赭色和少许焦茶色加水调和，画出长裙的暗面及裙摆的暗面颜色。

12 用勾线笔2号蘸取洋红色、岱赭色和焦茶色加水调和，画出鞋子的固有色。再蘸取金色，勾勒出长裙上的装饰。

4.8 蕾丝面料

　　本案例选择的是带花瓣图案的蕾丝短款上衣，再搭配同色系的中长裙，突出蕾丝的体积感。在绘制这款蕾丝面料上衣的质感表现时，要注意蕾丝的透明处与皮肤产生的阴影，勾勒蕾丝的具体花朵形状时要仔细，来表现蕾丝的体积质感。

绘制要点

❶ 表现出蕾丝上衣的质感特点
❷ 腿部走动产生的前后空间变化

绘画工具

❶ 施德楼自动铅笔
❷ 施德楼橡皮擦
❸ 华虹全套毛笔
❹ 马利牌全套勾线笔
❺ 宝虹全棉水彩纸
❻ 吴竹固体水彩颜料
❼ 调色盘
❽ 吸水海绵

绘画颜色

白色　黑色　焦茶色　美蓝色　白群色

朱色　橙色　黄土色　洋红色

绘制面部妆容时，要特别加强眼窝和鼻底的暗面，增加面部的立体感。

绘制透明蕾丝面料的服装，要先画出皮肤的颜色与蕾丝衣服的底色，再勾勒蕾丝细节。

1 先画出一个走动的人体动态,再刻画出面部五官及头发细节。再根据画好的人体动态,确定整体服装轮廓。最后画出头巾和鞋子的轮廓。

2 用勾线笔2号蘸取洋红色和黄土色加水调和,画出皮肤的外轮廓。再蘸取黑色,勾勒出整体服装、头发、耳环及鞋子的轮廓。然后蘸取美蓝色,勾勒出头巾的轮廓,最后蘸取黄土色,勾勒耳环流苏边的线条。

3 用华虹4号毛笔蘸取洋红色和黄土色,加入大量清水调和,画出皮肤的底色。再蘸取黄土色和少量橙色继续调和,画出眼部、面部、鼻子、脖子、手臂和腿部的暗面颜色,再一次加深脖子的暗面。

4 用勾线笔 2 号蘸取黑色加入大量清水调和，画出头发的底色。再蘸取黑色加入少量的清水调和，画出头发的暗面。然后蘸取白群色加水调和，画出头巾的底色。最后继续蘸取美蓝色调和，画出头巾的暗面。

5 用勾线笔 2 号蘸取橙色和黄土色加水调和，画出眼影的颜色。再蘸取焦茶色加水调和，画出眼珠的颜色。然后蘸取黑色，画出眉毛的颜色及眼睛的轮廓，再蘸取洋红色，画出嘴唇的固有色。

6 绘制耳环的颜色。用勾线笔 2 号蘸取美蓝色，画出耳环的边框颜色。再蘸取黄土色画出耳环的颜色。然后蘸取橙色和朱色加水调和，画出流苏边的线条。最后用勾线笔 00 号蘸取白色，画出耳环的高光。

7 用华虹 4 号毛笔蘸取少量黑色，加入大量的清水调和，平铺上衣的底色。注意表现衣服的透明质感。再蘸取少量黑色继续调和，画出衣身部分的暗面颜色。注意透明材质的明暗颜色过渡。

8 用勾线笔 00 号蘸取黑色，加入少量清水调和，画出上衣上的蕾丝图案。注意花朵的疏密变化。

9 用勾线笔 5 号蘸取黑色加入大量清水调和，继续加深上衣的暗面颜色。再用勾线笔 00 号蘸取黑色，画出蕾丝上衣上的细线条。

10 画出中长裙的颜色。用华虹10号毛笔蘸取大量黑色，加入大量清水调和，画出中长裙的底色。再继续加入黑色调和，画出暗面。注意明暗颜色过渡要自然。

11 用华虹4号毛笔蘸取黑色加入清水调和，再一次加深中长裙及裙摆的褶皱暗面。然后用勾线笔5号蘸取黑色加水调和，画出鞋子的固有色。

12 用勾线笔00号蘸取白色，画出蕾丝上衣的亮面。再勾勒出中长裙的细节。最后画出鞋子的高光。

第 5 章

时装款式

  在时装画里，时装款式丰富多变，尤其是女装款式。不同的面料特点、材质功能、装饰品等一系列因素，使女装款式更加丰富有特色。根据不同的款式特点，会相应地搭配一些服装，形成完整的画面视觉效果。本章通过具体案例分析，介绍了不同款式服装的搭配及绘制方法。

5.1 T 恤

本案例表现的是一款拼色短袖 T 恤。绘制 T 恤时，要仔细勾勒出 T 恤的褶皱线及轮廓线，同时，既要处理好衣身与裙腰之间的折叠关系，还要注意人体动态下衣身产生的堆积褶的线条。T 恤的颜色表现通常比较简单，主要注意 T 恤明暗颜色的绘制，以及 T 恤上图案颜色的表现。

绘制要点

❶ T 恤的明暗颜色处理
❷ 裙摆与两腿之间的前后关系

绘画工具

❶ 施德楼自动铅笔
❷ 施德楼橡皮擦
❸ 华虹全套毛笔
❹ 马利牌全套勾线笔
❺ 宝虹全棉水彩纸
❻ 吴竹固体水彩颜料
❼ 调色盘
❽ 吸水海绵

绘画颜色

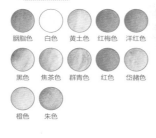

胭脂色　白色　黄土色　红梅色　洋红色
黑色　焦茶色　群青色　红色　岱赭色
橙色　朱色

绘制头发时，要注意颜色的明暗及发丝的层次。先画出头发的底色，再加深头发的明暗颜色，最后刻画发丝的线条。

绘制单色 T 恤时，先勾勒出 T 恤上褶皱的位置，再平铺底色，然后通过加深褶皱线位置的暗面颜色来增强明暗变化。

1 用铅笔画出一条中心线，再确定最高点和最低点，同时九等分平分中心线。画出头部的外轮廓形状，确定胸腔和盆腔的体块，最后勾勒出五官的轮廓。

2 根据上一步确定好的胸腔和盆腔体块，继续画出腿部走动的线条及手臂线条，再确定出头发的大致外轮廓线条，最后仔细勾勒发丝的线条。

3 根据上一步画好的人体动态，勾勒出整体服装的轮廓线条。先画出T恤的外轮廓线条，注意袖口与手臂之间的处理，再画出中长裙的轮廓线，然后勾勒T恤上的图案及中长裙上的线条，最后画出手提包和鞋子的线条。

4 在上一步确定好的线稿图上擦除多余的杂线，用勾线笔2号蘸取朱色和橙色加水调和，勾勒出人体的外轮廓及五官线条。再蘸取胭脂色加少量水调和，画出衣领、衣袖、中长裙、手提包和鞋子的线条。然后蘸取黄土色加水调和，勾勒出T恤的轮廓及发丝的线条。

5 画出皮肤的颜色。用华虹4号毛笔蘸取朱色和橙色加入大量清水调和，用平铺的方式画出皮肤的底色，再继续蘸取朱色和少量的岱赭色调和，勾勒出眼窝、眼尾、鼻底、耳朵、脖子、手臂及腿部的暗面颜色。

6 绘制头发的颜色。用华虹6号毛笔蘸取黄土色和岱赭色，加入大量清水调和，画出头发的底色。再用华虹4号毛笔继续蘸取焦茶色调和，画出头发的暗面颜色。

7 画出面部五官的颜色。先用勾线笔2号蘸取少量焦茶色加水调和，勾勒出眉毛的颜色，再蘸取少量群青色加水调和，画出眼珠的颜色。洗干净勾线笔，再继续蘸取红梅色和胭脂色加水调和，画出嘴唇的固有色，最后蘸取黑色勾勒出眼睛的轮廓线。

8 用华虹6号毛笔蘸取橙色加入大量清水调和，平铺T恤的底色。再用华虹4号毛笔蘸取橙色和黄土色加入清水调和，勾勒出T恤上褶皱位置的暗面颜色。注意衣袖和衣身的暗面颜色表现。

9 继续画T恤的颜色。用华虹4号毛笔蘸取洋红色和红梅色加水调和，画出T恤领子和袖口的固有色。

10 用华虹6号毛笔蘸取少量红色和洋红色加水调和，平铺中长裙的底色，再继续蘸取红梅色调和，加深中长裙上褶皱线的暗面。

11 继续绘制中长裙的颜色。用华虹4号毛笔蘸取洋红色和红梅色加水调和，继续加深中长裙的暗面颜色，再用勾线笔2号蘸取黑色勾勒中长裙上的装饰线。

12 用华虹4号毛笔蘸取少量朱色和红色加水调和，平铺画出手提包的底色。继续蘸取胭脂色调和，画出手提包的暗面，再用勾线笔2号蘸取黄土色画出包链的颜色。

13 用勾线笔 2 号蘸取红梅色加水调和，画出鞋子的底色，再继续蘸取胭脂色调和加深鞋子的暗面。洗干净笔，继续蘸取黑色画出项链的颜色表现。

14 确定整体服装的高光颜色。用勾线笔 2 号蘸取白色，先画出 T 恤的高光，再画出中长裙的高光，最后确定手提包和鞋子的高光颜色。

5.2 衬衫

　　本案例选择的是小高领、堆积褶皱领巾、束口袖、宽松衣身款式的衬衫。衬衫采用淡粉色的单色面料进行设计，搭配深色的中长裙，单色系的衬衫肩部搭配一些亮钻的装饰设计，与中长裙上的亮钻在视觉上形成呼应。衬衫的颜色比较简单，在绘制过程中，要注意加深领子底部、衣袖暗面的阴影颜色，这样能够丰富衬衫的层次感。

绘制要点

❶ 衬衫衣袖的明暗颜色过渡
❷ 腿部与裙摆之间前后空间关系

绘画工具

❶ 施德楼自动铅笔
❷ 施德楼橡皮擦
❸ 华虹全套毛笔
❹ 马利牌全套勾线笔
❺ 宝虹全棉水彩纸
❻ 吴竹固体水彩颜料
❼ 调色盘
❽ 吸水海绵

绘画颜色

白色　黑色　焦茶色　岱赭色　浓绿色　红色　黄土色　洋红色

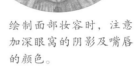

绘制面部妆容时，注意加深眼窝的阴影及嘴唇的颜色。

领巾的设计是整件衬衫的亮点，要特别刻画出衬衫领巾的颜色明暗变化。

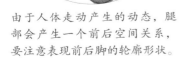

由于人体走动产生的动态，腿部会产生一个前后空间关系，要注意表现前后脚的轮廓形状。

1 先画出一条中心线，再画出九等分的横线，并画出头部的轮廓。再画出胸腔和盆腔的体块，然后根据画好的胸腔和盆腔扭动的动态，画出手臂摆动及腿部走动的轮廓。

2 根据确定好的头部轮廓，找准面部五官的位置，再仔细勾勒五官的轮廓细节。注意绘制鼻子时，要画出鼻梁的线条，在后面上色时可以擦除。然后找出发际线，画出头发的轮廓及头发丝的细节。

3 绘制出整体的服装轮廓。先确定出衬衫和中长裙大致的外轮廓形状，再刻画衬衫领子、衣袖及裙摆的转折。最后画出衬衫上的褶皱线及鞋子的轮廓。

4 用勾线笔2号蘸取洋红色
和黄土色加少量清水调
和，勾勒出人体的外轮廓。
再蘸取岱赭色加水调和画
出衬衫的轮廓及褶皱线。
再蘸取焦茶色勾勒出头发
丝的线条。最后蘸取黑色
画出中长裙、鞋子、耳环
和发夹的线条。

5 用华虹4号毛笔蘸取洋红
色和黄土色加入大量的清
水调和，平铺画出皮肤的
底色。再继续蘸取洋红色
和黄土色调和，画出眼部、
鼻底、脖子、手部及腿部
的暗面，再一次强调脖子
的暗面颜色。

6 画出头发的颜色。用华虹
4号毛笔蘸取黄土色和焦
茶色加入大量清水调和，
平铺画出头发的底色。再
蘸取焦茶色和少量黑色加
水调和，细致勾勒头部的
暗面及前额发丝的表现。

7 用勾线笔2号蘸取少量焦茶色加水调和，画出眼部的暗面。再蘸取黑色画出眉毛的颜色及眼睛的轮廓。然后蘸取红色画出嘴唇的颜色。最后在调和的红色里加入大量的清水，画出腮红的颜色。

8 用华虹6号毛笔蘸取岱赭色和少量红色加入大量清水调和，平铺画出衬衫的底色，再一次强调领部和衣袖位置的颜色。

9 用勾线笔五号蘸取岱赭色加水调和，画出衬衫的暗面颜色。再用勾线笔2号蘸取岱赭色和焦茶色加水调和，加深领巾的暗面及褶皱的暗面。

10 用华虹 6 号毛笔蘸取黑色加入大量清水调和，平铺画出中长裙的底色。再继续加入黑色调和，画出褶皱线的暗面，注意颜色过渡要自然。

11 用华虹 4 号毛笔蘸取大量黑色加入少量清水调和，再一次平铺整个中长裙的底色，注意用笔的转折变化。再蘸取黑色继续调和，再一次强调褶皱线的暗面及裙摆的暗面颜色。

12 用勾线笔 2 号蘸取黑色加入大量清水调和，画出鞋子的固有色。再继续蘸取黑色，点缀出鞋子上装饰物的颜色。

13 用勾线笔 2 号蘸取黑色，画出耳环和发夹的固有色，再点缀出衬衫上的细节变化。

14 用勾线笔 00 号蘸取白色，先画出耳环和发夹的高光，再画出衬衫的亮面颜色及鞋子的亮面，最后勾勒出中长裙的亮片图案。

5.3 吊带上衣

本案例选择的是一款同色面料拼接设计的宽松吊带上衣。肩部吊带的设计搭配披肩卷发，使肩部位置显得比较饱满，简单的吊带上衣配上同色系的长裤，使服装整体充满休闲气质。吊带上衣运用了单色面料的极简设计，通过分层的结构设计增加吊带的层次感。

绘制要点

❶ 披肩卷发的颜色表现
❷ 吊带上衣与手臂位置的绘制

绘画工具

❶ 施德楼自动铅笔
❷ 施德楼橡皮擦
❸ 华虹全套毛笔
❹ 马利牌全套勾线笔
❺ 宝虹全棉水彩纸
❻ 吴竹固体水彩颜料
❼ 调色盘
❽ 吸水海绵

绘画颜色

白色　红梅色　群绿色　水色　浓绿色

黑色　焦茶色　美蓝色　黄土色　洋红色

绘制头发的颜色时，先要画出大的明暗颜色变化，再勾勒出卷发的线条及前额头发的蓬松感。

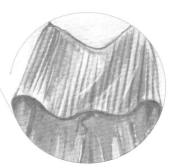

绘制吊带的颜色时，要根据光源的变化，注意明暗及高光的颜色处理。

绘制吊带上衣的衣摆时，
注意褶皱起伏变化的处理。

1 在已经画出的人体动态上，确定面部五官及头发的线条，再刻画吊带上衣的轮廓。根据腿部的走动变化，绘制裤子的轮廓时要注意前后的空间变化。

2 用勾线笔2号蘸取洋红色和黄土色加水调和，画出人体轮廓的线条。再蘸取焦茶色加水调和，画出发丝的线条及鞋子的轮廓。再蘸取美蓝色加水调和，勾勒出吊带上衣和裤子的轮廓及褶皱线。

3 画出皮肤的颜色。用华虹4号毛笔蘸取洋红色和黄土色加水调和，画出皮肤的底色。再继续加入洋红色和黄土色调和，画出眼窝、眉弓、鼻梁、鼻底、下巴、脖子、肩部、手臂的暗面颜色。绘制脖子和肩部暗面时要注意颜色的变化处理。

4 用勾线笔2号蘸取黄土色加水调和，画出眼影的颜色。再蘸取浓绿色画出眼珠的颜色。然后蘸取黑色，画出眉毛的颜色及眼睛的轮廓。最后蘸取红梅色加水调和，画出嘴唇的固有色。

5 用华虹4号毛笔蘸取焦茶色和少量黄土色加水调和，画出头发的底色。再用勾线笔5号蘸取焦茶色和黑色加水调和，画出头发的暗面颜色。

6 用华虹6号毛笔蘸取水色和少量浓绿色，加入大量清水调和，平铺画出吊带上衣的底色。再继续蘸取浓绿色调和，画出上衣的暗面。最后勾勒上衣表面的纹理。

7 用华虹4号毛笔蘸取浓绿色和水色，加水调和，继续加深吊带上衣的暗面，注意颜色的过渡处理。继续加入群绿色调色，再一次加深衣摆的暗面颜色。

8 用华虹6号毛笔蘸取美蓝色，加入大量清水调和，画出裤子的底色。再继续蘸取美蓝色和群绿色调和，加深裤子的暗面及褶皱线的暗面颜色。

9 用勾线笔5号蘸取黑色和焦茶色加水调和，画出鞋子的底色。再继续蘸取焦茶色，勾勒出鞋子的鞋底暗面。最后用勾线笔00号蘸取白色，画出吊带上衣的亮面及鞋子的高光。

5.4 外套

　　案例选择的是一款比较厚重的秋冬季中长款外套，款式比较简单，搭配同色系的内搭连衣裙，能够突出模特的个人气质。内搭连衣裙和外套都是比较简洁的款式，为了体现这一特点，连衣裙和外套上面都设计了颜色突出的花朵图案进行点缀，更能突出外套的厚重质感。

绘制要点

① 外套的厚重质感表现
② 腿部的动态变化

绘画工具

① 施德楼自动铅笔
② 施德楼橡皮擦
③ 华虹全套毛笔
④ 马利牌全套勾线笔
⑤ 宝虹全棉水彩纸
⑥ 吴竹固体水彩颜料
⑦ 调色盘
⑧ 吸水海绵

绘画颜色

白色	黑色	焦茶色	浓绿色	青草色
群绿色	蓝色	美蓝色	胭脂色	红色
黄土色	洋红色			

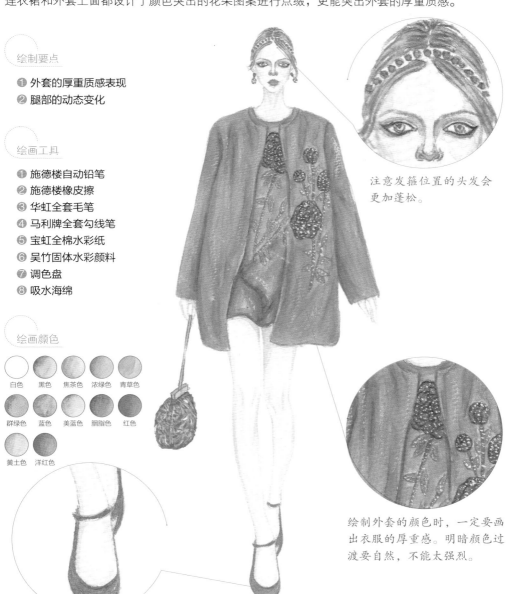

注意发箍位置的头发会更加蓬松。

绘制外套的颜色时，一定要画出衣服的厚重感。明暗颜色过渡要自然，不能太强烈。

绘制鞋子的颜色时，要注意画出鞋底的暗面颜色，增加鞋子的厚度。

绘制盘发造型时，后脑勺的头发要表现得更加蓬松。

1 根据画好的人体动态，画出整体的服装款式。先确定肩部及衣长的位置，再画出衣袖、衣身和内搭连衣裙的长度。然后勾勒衣服上的花卉图案细节，最后画出手提包和鞋子的轮廓。

2 用勾线笔2号蘸取黄土色加水调和，勾勒出皮肤的外轮廓。再蘸取焦茶色，勾勒出发丝的线条。最后蘸取群绿色，勾勒出整体服装的轮廓，以及手提包和鞋子的轮廓线。

3 画出皮肤的颜色。用华虹4号毛笔蘸取洋红色和黄土色加水调和，画出皮肤的底色。再继续加入洋红色和黄土色调和，画出眼窝、眉弓、鼻梁、鼻底、下巴、脖子、手部和腿部的暗面颜色。

4 用勾线笔2号蘸取红色，加入大量清水调和，画出眼部的暗面及面颊的颜色。再继续蘸取洋红色调和，画出眼尾眼影的颜色。然后蘸取黑色，勾勒眼睛的轮廓，注意眼尾的修长处理。最后蘸取胭脂色和红色加水调和，画出嘴唇的固有色。

5 用勾线笔5号蘸取焦茶色加水调和，画出头发的底色。再继续蘸取黑色调和，勾勒头发的暗面。然后用勾线笔2号蘸取胭脂色，画出发箍的颜色。最后蘸取群绿色画出耳环的固有色。

6 用华虹4号毛笔蘸取红色，加入大量清水调和，画出衣服上花朵图案的底色。再用勾线笔2号蘸取青草色加水调和，画出叶子的底色。

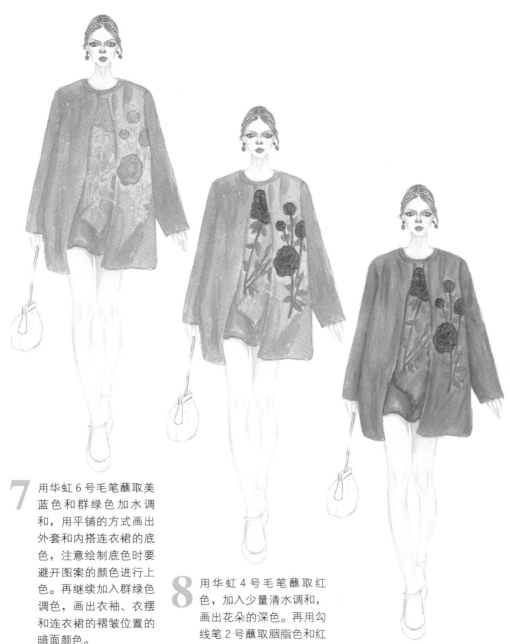

7 用华虹 6 号毛笔蘸取美蓝色和群绿色加水调和，用平铺的方式画出外套和内搭连衣裙的底色，注意绘制底色时要避开图案的颜色进行上色。再继续加入群绿色调色，画出衣袖、衣摆和连衣裙的褶皱位置的暗面颜色。

8 用华虹 4 号毛笔蘸取红色，加入少量清水调和，画出花朵的深色。再用勾线笔 2 号蘸取胭脂色和红色调和，勾勒花朵的暗面阴影。然后用勾线笔 2 号蘸取浓绿色，先勾勒出树枝的暗面，再画出树叶的暗面及纹理。

9 用华虹 6 号毛笔蘸取美蓝色、浓绿色和群绿色加水调和，继续加深外套和连衣裙的暗面颜色。再一次加深褶皱线的暗面，增加服装厚重感。

10 用勾线笔 2 号蘸取群绿色加水调和，画出手提包的底色。再蘸取群绿色和蓝色调和，勾勒出手提包的纹理质感。

11 用勾线笔 2 号蘸取群绿色和蓝色加水调和，画出鞋子的固有色，亮面之间留白。再用勾线笔 00 号蘸取白色，先点缀出外套上花卉图案的高光，再画出鞋子的高光。

5.5 西装

  案例选择的是一款比较正式的成套西装，运用单色面料进行设计，搭配复古设计的手提包，为整体画面效果营造出一种时尚气质。绘制单色西装外套时，要强调领子和口袋的位置特点，丰富视觉效果。

绘制要点

❶ 面部妆容与发型的颜色
❷ 西装外套的质感绘制

绘画工具

❶ 施德楼自动铅笔
❷ 施德楼橡皮擦
❸ 华虹全套毛笔
❹ 马利牌全套勾线笔
❺ 宝虹全棉水彩纸
❻ 吴竹固体水彩颜料
❼ 调色盘
❽ 吸水海绵

绘画颜色

白色　黑色　焦茶色　群青色　蓝色

美蓝色　浓绿色　黄色　藤黄色　山吹色

黄土色　洋红色

绘制面部妆容时要注意颜色的过渡，头发要注意区分色块。

强调领子的颜色时，要特别加强领子底部的暗面颜色，突出领子的细节。

绘制这款手提包时，要仔细刻画手提包的轮廓。

绘制西装领的线条时，要
注意衣领的造型特点。

1 先画出人体的动态轮廓，以及面部五官和头发的造型。再画出西装的轮廓及裤型的线条，注意绘制西装外套最主要的是表现西装领的造型。最后画出手提包和鞋子的轮廓。

2 用勾线笔00号蘸取洋红色和黄土色，勾勒出人体轮廓。再用勾线笔2号蘸取藤黄色，勾勒出西装外套和裤子的轮廓。然后蘸取黄土色，勾勒出头发的线条。接着蘸取美蓝色，画出鞋子的轮廓和手提包的带子。最后蘸取焦茶色勾勒包的轮廓和其上的图案。

3 用华虹4号毛笔蘸取洋红色和黄土色加入大量清水调和，用平铺的方式画出皮肤的底色。用华虹4号毛笔在已经调好的肤色上再加入少量洋红色，画出眼部、鼻底、脖子和腿部的暗面。

4 用华虹4号毛笔蘸取黄土色和焦茶色加清水调和，平铺头发的底色。再继续蘸取焦茶色调色画出头发的暗面。最后蘸取黑色加水调和画出头发丝的线条。

5 画出面部妆容。用勾线笔2号蘸取藤黄色画出眼影颜色，再蘸取浓绿色画出眼珠的颜色。然后蘸取黑色，画出眉毛的颜色和眼睛的外轮廓。最后蘸取洋红色勾勒嘴唇的固有色，加入大量清水，画出腮红的颜色。

6 用华虹6号毛笔蘸取大量的藤黄色加入大量清水调和，先平铺出外套的底色，再画出裤子的底色。

7 用华虹 4 号毛笔蘸取黄色、山吹色和藤黄色加水调和，再一次加深外套的固有色。注意亮面颜色直接用清水过渡。

8 用华虹 4 号毛笔蘸取山吹色、藤黄色和黄色加入清水调和，继续加深裤子的底色，再一次加深裤子褶皱线的暗面。

9 用华虹 4 号毛笔蘸取黄土色和藤黄色加水调和，画出西装外套和裤子的暗面颜色。再继续蘸取少量焦茶色调和，加深外套和裤子的褶皱线的暗面。再用勾线笔 00号蘸取黑色勾勒出西装领和口袋位置的细节。

10 用勾线笔5号蘸取群青色和美蓝色加水调和，画出鞋子的底色和包带的颜色。再继续蘸取蓝色调和，画出鞋子的暗面。

11 用勾线笔5号蘸取焦茶色加水调和，画出手提包的固有色。再继续蘸取少量黑色调和，画出手提包的暗面。再蘸取美蓝色，加入大量清水调和，画出手提包上图案的颜色。

12 用勾线笔00号蘸取白色，先画出西装外套和裤子的高光颜色，再勾勒出手提包的高光及鞋子的高光。

5.6 过膝裙

　　本案例选择的是一款印花条纹过膝裙，过膝裙颜色艳丽，搭配细条纹的针织衫，显得非常清新娴雅。上衣的设计花瓣的小图案搭配，与过膝裙的红色相呼应，具有更强的画面视觉感，整体服装颜色比较丰富，搭配同色系的简单手提包和绑带鞋子，使整体画面更加和谐。

绘制要点

❶ 头发的造型
❷ 裙摆与腿部之间的前后空间关系

绘画工具

❶ 施德楼自动铅笔
❷ 施德楼橡皮擦
❸ 华虹全套毛笔
❹ 马利牌全套勾线笔
❺ 宝虹全棉水彩纸
❻ 吴竹固体水彩颜料
❼ 调色盘
❽ 吸水海绵

绘画颜色

白色　黑色　焦茶色　岱赭色　美蓝色

水色　蓬色　白绿色　红色　藤黄色

黄土色　洋红色

绘制这种微卷的长发，一定要用勾线笔画出头发丝的弧度，再强调头发的明暗。

绘制这款印花过膝裙的颜色时，要先画出细节特色，再进行局部上色。

这款绑带鞋子要注意加强绑带的高光颜色。

1 根据画好的人体动态轮廓，先确定出上衣的衣领、衣袖及衣身的长度，再画出过膝裙的轮廓及鞋子的造型，最后仔细刻画过膝裙上的细节。

2 用勾线笔00号蘸取洋红色和黄土色勾勒人体轮廓，再用华虹4号毛笔蘸取洋红色和黄土色加入大量清水调和，平铺画出皮肤的底色。

3 用华虹4号毛笔蘸取藤黄色加水调和，平铺画出头发的底色。再蘸取黄土色继续调和，画出头发的暗面颜色。

4 用勾线笔2号蘸取洋红色和黄土色加入少量清水调和,画出眼窝、眉弓、鼻梁、鼻底、面颊、下巴、脖子、手臂及腿部的暗面颜色。

5 用华虹4号毛笔蘸取黄土色和焦茶色加水调和,继续加深头发的暗面。再用勾线笔2号蘸取焦茶色,勾勒出发丝的线条。

6 用勾线笔2号蘸取焦茶色画出眼珠的颜色,再蘸取黑色画出眉毛的颜色和眼睛的轮廓。再蘸取红色画出嘴唇的颜色,然后继续加入清水调和,画出眼影的颜色。最后蘸取白绿色画出耳环的颜色。

7 用勾线笔2号蘸取白绿色和水色加水调和，画出衣领的颜色。再蘸取黑色画出领带的颜色。

8 用勾线笔2号蘸取红色加水调和，画出花朵的底色。再用勾线笔00号蘸取红色和洋红色调和，勾勒出花蕊的细节。

9 用勾线笔2号蘸取美蓝色加水调和，先画出袖口的颜色，再勾勒出上衣上的条纹。

10 用勾线笔 2 号蘸取大量黑色加水调和，画出过膝裙上黑色条纹图案。

11 用勾线笔 2 号蘸取美蓝色加水调和，画出过膝裙上的蓝色图案。再蘸取红色，画出红色图案。最后蘸取蓬色，画出过膝裙上蓬色的条纹图案。

12 用勾线笔 2 号蘸取岱赭色加水调和，画出手提包的底色。再继续加入焦茶色调和，画出手提包的暗面颜色。

13 用勾线笔 2 号蘸取黄土色加水调和，画出鞋子的固有色。再继续蘸取焦茶色调和，画出鞋子的暗面。

14 用勾线笔 00 号蘸取白色，先画出头发的高光，再画出耳环的高光，最后画出过膝裙及鞋子的高光。

5.7 连衣裙

本案例表现的是宽松直筒印花的连衣裙，轮廓比较柔和，连衣裙上的花卉图案给连衣裙增加了一定的丰富感。在绘制这款带花卉图案的连衣裙时，要先画出局部的小细节，再画出连衣裙的固有色。

白色　黑色　焦茶色　蓬色　黄草色

若草色　藤黄色　朱色　胭脂色　红色

黄土色　洋红色

绘制面部的妆容时，要特别加强眼部造型及嘴唇的颜色。

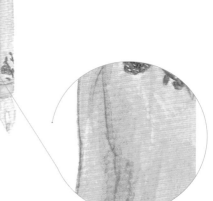

绘制单色连衣裙的颜色时，明暗颜色过渡要自然，绘制图案要注意表现高光。

绘制腿部的颜色时，要注意加强膝盖位置暗面颜色的处理。

1 先画出一个走动的人体动态，再刻画出面部五官及头发的细节。根据画好的人体动态，确定整体服装轮廓，最后画出耳环和鞋子的轮廓。

2 用华虹 4 号毛笔蘸取黄土色和少量洋红色加入大量清水调和，用平铺的方式画出皮肤的底色。

3 在调好的皮肤颜色上，继续加入黄土色和洋红色调和，画出眼窝、眉弓、鼻子、下巴、脖子、手部、腿部的暗面颜色，再一次加深鼻底、脖子、腿部的暗面。

4 画出头发的颜色。用勾线笔5号蘸取焦茶色加水调和，平铺头发的底色，再加入少量黑色调和，画出头发的暗面。

5 用勾线笔00号蘸取黑色，画出眉毛的形状及眼睛的轮廓。再蘸取黄土色画出眼珠的颜色，然后蘸取红色加水调和，画出眼影的颜色及嘴唇的固有色。最后蘸取藤黄色，画出耳环的固有色。

6 用勾线笔2号蘸取红色加水调和，画出连衣裙上花朵的底色。再蘸取若草色加水调和，画出叶子的底色。

7 用勾线笔2号蘸取洋红色和胭脂色调和，画出花朵的深色颜色，再蘸取黄草色调和，画出树枝和叶子的暗面颜色。

8 用华虹6号毛笔蘸取红色加入大量清水调和，平铺画出连衣裙的底色。再一次画出连衣裙的暗面颜色。

9 用华虹4号毛笔蘸取朱色、红色和胭脂色，加入少量清水调和，先画出衣袖与衣身位置的暗面，再画出衣身褶皱位置的暗面颜色。

10 用勾线笔2号蘸取黑色，先画出衣身位置的图案，再画出衣摆位置的图案。

11 用勾线笔2号蘸取红色加水调和，画出鞋子上面的花朵图案。再蘸取黄草色和蓬色加水调和，画出鞋子的固有色。

12 用勾线笔00号蘸取白色，先勾勒出连衣裙上花朵图案的亮面，最后画出鞋子的高光。

5.8 裤装

　　本案例选择的是一款比较合身的浅色牛仔裤，搭配露腰的中袖衬衫，显得非常有气质。在绘制牛仔裤时，注意腿部走动时牛仔裤发生的外轮廓变形处理，绘画时要注意刻画出牛仔裤表面的纹理特点，以及牛仔裤脚位置的褶皱。

这款面部妆容的特点在于眼妆与腮红的颜色绘制，要特别强调眼尾的细节。

绘制牛仔裤时，要注意牛仔裤褶皱的处理及纹理的刻画。

绘制要点

❶ 面部妆容的特点
❷ 牛仔裤的质感绘制

绘画工具

❶ 施德楼自动铅笔
❷ 施德楼橡皮擦
❸ 华虹全套毛笔
❹ 马利牌全套勾线笔
❺ 宝虹全棉水彩纸
❻ 吴竹固体水彩颜料
❼ 调色盘
❽ 吸水海绵

绘画颜色

白色　黑色　焦茶色　岱赭色　美蓝色

浅葱色　水色　橙色　朱色　黄土色

洋红色

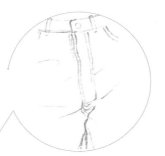

绘制牛仔裤的门襟时，注意人体走动而产生的挤压褶。

1 根据画好的人体动态，先画出上衣的轮廓，再画出牛仔裤的轮廓，然后仔细勾勒上衣及牛仔裤的细节，最后画出鞋子的轮廓。

2 用华虹4号毛笔蘸取洋红色、黄土色和藤黄色加水调和，用平铺的方式画出皮肤的底色。

3 用华虹4号毛笔蘸取洋红色和少量黄土色加水调和，画出眼窝、眉弓、鼻底、脖子、腰部、手臂及腿部的暗面。

4 用勾线笔2号蘸取水色画出眼珠的颜色，再蘸取黑色画出眉毛的形状及眼睛的轮廓。然后蘸取朱色加水调和，画出嘴唇的固有色及眼影的颜色后，继续加水调和，画出腮红的颜色。

5 用勾线笔5号蘸取黄土色和岱赭色加水调和，画出头发的底色。再继续加入岱赭色和焦茶色调和，画出头发的暗面颜色。

6 用华虹4号毛笔蘸取橙色加水调和，用平铺的方式画出上衣的底色，并再一次加深暗面的颜色。

7 用华虹4号毛笔蘸取橙色和少量朱色加水调色，继续加深上衣的暗面颜色。再蘸取岱赭色继续调和，加深上衣褶皱线的暗面。

8 用华虹6号毛笔蘸取水色加入大量清水调和，平铺牛仔裤的底色。

9 用华虹4号毛笔蘸取水色和浅葱色，加入少量清水调和，加深裤口袋、门襟及腿部褶皱线的暗面颜色。

10 用华虹4号毛笔蘸取浅葱色和美蓝色加水调和，再一次加深牛仔裤的暗面，尤其是两腿之间褶皱线的颜色。再用勾线笔2号和00号分别蘸取洋红色和美蓝色，点缀出牛仔裤上的细节。

11 用勾线笔2号蘸取焦茶色加水调和，画出鞋子的固有色，再加入少量黑色调和，画出鞋底的厚度。接着用勾线笔00号蘸取白色，刻画出牛仔裤表面的纹理特点。

5.9 礼服裙

本案例选择的是一款无袖大拖摆的礼服裙，款式简洁裙摆造型饱满，颜色充满艺术性，在裙身上闪烁着亮片。在绘制这款礼服裙时，要注意先表现出礼服裙本身的固有色，以及裙摆和腰身位置的造型特点，亮片颜色要仔细刻画。还要注意耳部的饰品，使画面看起来更加完整。

绘制要点

① 盘发的造型
② 礼服裙腰身造型的处理

绘画工具

① 施德楼自动铅笔
② 施德楼橡皮擦
③ 华虹全套毛笔
④ 马利牌全套勾线笔
⑤ 宝虹全棉水彩纸
⑥ 吴竹固体水彩颜料
⑦ 调色盘
⑧ 吸水海绵

绘制盘发的造型时，要注意头顶头发的蓬松处理，以及耳朵位置发丝的细节。

礼服裙腰身的造型处理，要注意服装层叠与厚度的表现。

绘画颜色

洋红色	红色	黄土色	胭脂色
山吹色	橙色	黑色	白色
焦茶色	黄色	白绿色	牡丹色
紫色	蓝色		

1 先画出模特的动态，再根据头部轮廓，画出面部五官的特点。确定出发际线的位置，画出高盘发的造型，注意耳朵位置头发丝的线条及耳环的造型特点。然后画出礼服裙的大致外轮廓，最后仔细刻画腰身的造型特点，以及裙摆褶皱的起伏变化。

2 先用橡皮擦除人体轮廓及礼服裙的轮廓，只留出一点痕迹。再用勾线笔2号蘸取洋红色和黄土色调和，勾勒出头部轮廓及人体的轮廓。然后用华虹4号毛笔在调好的颜色上面加入大量的清水，用平铺的方式画出皮肤的底色。

3 在上一步绘制皮肤底色的颜色还没干的情况下，用华虹4号毛笔蘸取洋红色和少量的黄土色加水调和，画出眼窝、眉弓、面颊、鼻底、下巴、脖子、肩部及手臂的暗面。这时皮肤的明暗颜色不太明显，继续蘸取黄土色和橙色调和，再一次强调眼部、脖子、肩头等位置的暗面颜色。

4 画出头发的颜色。在第一步时，头发的造型及发丝都已经明确地刻画出来了，在此基础上用勾线笔2号蘸取黄土色和焦茶色加水调和，平铺头发的底色。再继续加入少量黑色，画出头发的暗面颜色。然后用勾线笔00号蘸取黑色，画出前额及耳朵位置发丝的细节，丰富头发的蓬松感。

5 绘制面部的妆容，这款妆容的特点在于眼影和嘴唇形成的撞色对比。先用勾线笔00号蘸取焦茶色，勾勒出眉毛的颜色。再蘸取白绿色加水调和，画出眼珠的颜色，然后蘸取黑色，画出眼睛的轮廓，接着蘸取白绿色，直接画出眼影的颜色，注意绘制下眼睑位置的眼影。蘸取红色，直接画出嘴唇的固有色，最后蘸取少量红色加入大量清水画出面部腮红的颜色。

6 用华虹10号毛笔蘸取黑色加入大量的清水，用平铺的方式，先画出上半身衣服的底色，再画出整个裙摆的底色。然后用华虹4号毛笔再一次加深腰身造型位置的暗面颜色及腰部到裙摆褶皱线的暗面。绘制起伏变化的裙摆颜色时要仔细，依照从上到下的顺序画出来，这样表现的裙摆会更加自然。

7 继续加深礼服裙的固有色。用华虹 10 号毛笔蘸取黑色加入清水调和，注意这次加入的清水比上一步加入的清水量会更少。依照从上到下的顺序，平铺整件礼服裙的底色，注意加深腰身造型和裙摆褶皱线位置的颜色。再用华虹 4 号毛笔蘸取大量的黑色加入少量的清水，画出上半身的颜色及腰身造型位置的颜色。

8 趁上一步绘制的颜色还没有干时，用华虹 4 号毛笔蘸取黑色调和少量清水，画出礼服裙上半身和腰身造型的明暗颜色变化。再用华虹 6 号毛笔蘸取大量黑色加入少量清水，继续加深裙摆的颜色，并再一次强调裙摆褶皱线位置的暗面颜色。

9 先用勾线笔 00 号蘸取黄色，画出上半身礼服裙上的图案。再蘸取橙色继续画出橙色烟花图案，再次蘸取橙色画出发散的橙色烟花图案，再次蘸取蓝色勾勒出蓝色烟花图案，再蘸取胭脂色画出胭脂色的发散图案，再蘸取白绿色画出白绿色的发散图案。最后用勾线笔 00 号蘸取白色，分别画出各色烟花图案上面的高光。

10 继续画出腰身造型位置的图案。用勾线笔 00 号蘸取黄色画出黄色烟花图案，再蘸取橙色画出橙色烟花图案，然后蘸取蓝色画出蓝色烟花图案，再次蘸取红色画出红色烟花图案，再蘸取紫色画出紫色烟花图案，最后蘸取白色勾勒出黄色、橙色、蓝色、红色、紫色烟花图案上面的高光，丰富礼服裙的层次效果。

11 最后画出裙摆上面的烟花图案。用勾线笔 00 号蘸取黄色画出黄色烟花图案，蘸取胭脂色画出胭脂色烟花图案，蘸取蓝色画出蓝色烟花图案，蘸取紫色画出紫色烟花图案，蘸取牡丹色画出牡丹色烟花图案。然后蘸取白色画出黄色、胭脂色、蓝色、紫色和牡丹色烟花上面的高光。最后蘸取白色画出白色烟花图案。注意绘制大裙摆上的烟花图案时，根据裙摆的大小，烟花图案也有大小的区别。

第 6 章

时装风格

时装风格是指一个时代、一个民族或者一个人的服装在形式和内容方面所显示出来的价值取向、内在品质和艺术特色。不同的穿着场所、不同的穿着群体、不同的穿着方式，展现出不同的时装魅力。在不同的场合下穿着不同风格的服装，更能够反映出时装的定位和设计特点。

本章主要介绍了六大时装风格，分别是混搭休闲风格、平面装饰风格、都市白领风格、社交名媛风格、学院风格和优雅复古风格。

6.1 混搭休闲风格

　　本案例选择的是具有怀旧特点的短款外套，搭配长袖衫和简单的黑色长裤。外套采用单色的亮色面料，在款式设计上为了避免单调，特意在肩部加了一些线条图案进行点缀。再搭配一款颜色鲜艳的手提包，更能丰富整体服装造型的画面视觉效果。在用水彩绘制短款外套时，要用简洁利落的大笔触进行上色，更能表现服装的挺括质感。

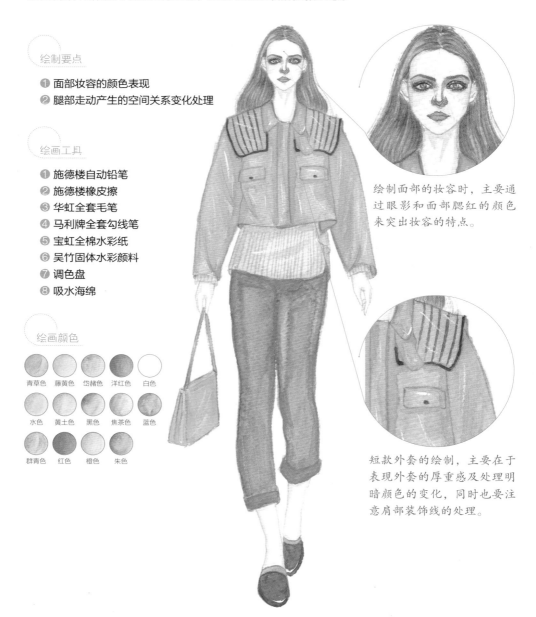

绘制要点

❶ 面部妆容的颜色表现
❷ 腿部走动产生的空间关系变化处理

绘画工具

❶ 施德楼自动铅笔
❷ 施德楼橡皮擦
❸ 华虹全套毛笔
❹ 马利牌全套勾线笔
❺ 宝虹全棉水彩纸
❻ 吴竹固体水彩颜料
❼ 调色盘
❽ 吸水海绵

绘画颜色

青草色　藤黄色　岱赭色　洋红色　白色

水色　黄土色　黑色　焦茶色　蓝色

群青色　红色　橙色　朱色

绘制面部的妆容时，主要通过眼影和面部腮红的颜色来突出妆容的特点。

短款外套的绘制，主要在于表现外套的厚重感及处理明暗颜色的变化，同时也要注意肩部装饰线的处理。

1 先画出一条中心线，然后九等分平分中心线，再画出头部的外轮廓。根据人体走动产生的动态，画出胸腔和盆腔的体块，最后画出摆动的手臂线条及腿部走动的线条表现。

2 在画好的头部轮廓上，确定正面五官的位置，再刻画出五官的细节。先确定出发际线的位置，再画出头发的大轮廓，最后勾勒发丝的线条。

3 根据确定好的人体动态，画出整体服装的线条。先画出内搭 T 恤的线条，再画出短款外套及裤子的线条，最后确定手提包和鞋子的线条。

4 用勾线笔 5 号蘸取洋红
色和黄土色加入清水调
和，画出皮肤的底色。
在调好的颜色上，蘸取
少量的洋红色、黄土色
和红色调和,加深眼窝、
眼尾、鼻梁、鼻底、下巴、
脖子和手臂的暗面颜色。

5 用华虹 4 号毛笔蘸取黄
土色加入清水调和，平
铺出头发的底色，再蘸
取岱赭色和黄土色加水
调和，画出头发的暗面。
然后蘸取少量的黄土色
和焦茶色加水调和，画出
头发与脖子位置的暗面。

6 用勾线笔 2 号蘸取洋红色、
黄土色和红色加水调和，再
一次加深鼻梁和鼻底的暗面
以及脖子底部的暗面。再用
勾线笔 00 号蘸取群青色加
水调和画出眼珠的颜色。蘸
取黑色画出眉毛的颜色及眼
睛的外轮廓，然后用勾线笔
00 号蘸取洋红色加水调和画
出嘴唇的颜色表现，最后蘸
取红色加入大量清水调和，
画出腮红的颜色表现。

7 画出外套的颜色。用华虹6号毛笔蘸取藤黄色加入大量清水调和，平铺画出外套的底色，再继续蘸取少量黄土色调和，加深外套的暗面颜色。

8 继续加深外套的暗面颜色。用华虹4号毛笔蘸取黄土色，加入少量焦茶色加水调和，继续加深外套的暗面颜色。再用勾线笔4号蘸取黑色勾勒出外套上的装饰线条。

9 画出内搭T恤的颜色。用华虹4号毛笔蘸取水色加水调和，画出T恤的底色，注意袖口的颜色表现。再蘸取群青色继续调和，加深T恤的暗面。

10 用华虹6号毛笔蘸取黑色加入大量清水，平铺画出裤子的底色，再继续蘸取大量黑色调和，加深裤子的暗面颜色。注意裤腿位置的颜色表现。

11 画出手提包的颜色。用华虹4号毛笔蘸取橙色加水调和，画出手提包的底色，再蘸取少量黄土色调和，加深手提包的暗面。

12 用勾线笔2号蘸取黑色加水调和，画出鞋子的固有色。再洗干净勾线笔，蘸取橙色加水调和，画出鞋子的装饰颜色。最后用勾线笔00号蘸取白色，画出外套、T恤、手提包和鞋子的高光颜色。

6.2 平面装饰风格

本案例展示的是印花披肩毛衣搭配印花面料拼接拖地长裙组合的造型。整体服装颜色采用亮色为主，在视觉上既统一又富有变化。肩部印花造型采用重复的三角形来表现，在表现手法上运用了平面装饰技法，忽略拖地长裙上的细节褶皱变化，展现出平面视觉效果。

绘制要点

❶ 肩部造型的绘制
❷ 拖地长裙裙摆的颜色

绘画工具

❶ 施德楼自动铅笔
❷ 施德楼橡皮擦
❸ 华虹全套毛笔
❹ 马利牌全套勾线笔
❺ 宝虹全棉水彩纸
❻ 吴竹固体水彩颜料
❼ 调色盘
❽ 吸水海绵

绘画颜色

白色	黑色	焦茶色	蓬色	橙色
白绿色	白群色	胭脂色	黄色	藤黄色
山吹色	黄土色	洋红色		

面部的妆容比较简单，主要突出了眼妆和嘴唇的颜色。

绘制肩部造型时，要先仔细刻画造型的细节部分，再画出其图案颜色。

1 先画出一条中心线，再确定出头部的最高点和最低点，画出头部的外轮廓形状。然后确定面部五官的位置，仔细刻画面部五官的轮廓特点，画出头发的造型。最后画出肩部和胯部位置的线条。

2 根据确定好的肩部和胯部的位置，先画出颈部轮廓，再勾勒出胸腔和盆腔的体块线条，最后画出摆动的手臂及走动的腿部线条。

3 根据画好的人体动态，确定出整体的服装款式。先找到上衣和拖地长裙的大致外轮廓位置，再仔细刻画肩部造型、衣身、拖地长裙上的细节及裙摆的褶皱。

4 用华虹4号毛笔蘸取藤黄色和洋红色加水调和，平铺皮肤的底色。再蘸取洋红色继续调和，画出眼窝、眉弓、鼻底、面颊、下巴、脖子和手部的暗面颜色。

5 画出面部的妆容。用勾线笔2号蘸取白群色，画出眼珠的颜色。再蘸取黑色，画出眉毛的颜色及眼睛的轮廓。最后蘸取洋红色加水调和，画出嘴唇的颜色及眼影的颜色。

6 绘制头发的颜色。用华虹4号毛笔蘸取藤黄色加水调和，画出头发的底色。再继续加入黄土色和少量的焦茶色调和，画出头发的暗面颜色。

7 用华虹4号毛笔蘸取藤黄色和黄色加入清水调和，用平铺的方式画出上身毛衣的底色，并再一次平涂衣袖和褶皱线位置的颜色。

8 用华虹4号毛笔蘸取藤黄色加入少量清水调和，继续加深毛衣的暗面。再用勾线笔00号蘸取黄土色，勾勒出毛衣表面的纹理。

9 画出披肩的颜色。先用勾线笔2号蘸取白群色勾勒出一圈外轮廓颜色，再加入清水调和，画出白群色的三角形。然后蘸取白绿色加水调和，画出白绿色三角形。接着蘸取黄色，画出黄色三角形。蘸取洋红色加水勾勒出洋红色轮廓，最后蘸取黑色加水调和，画出黑色外轮廓。

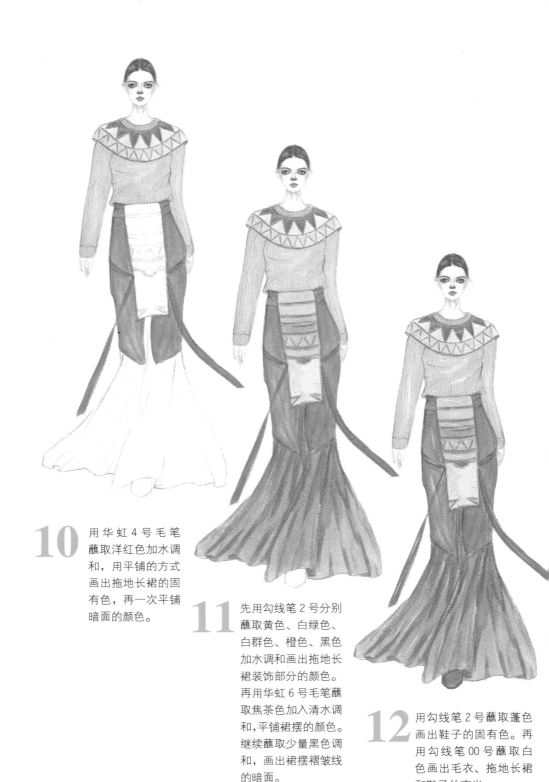

10 用华虹4号毛笔蘸取洋红色加水调和，用平铺的方式画出拖地长裙的固有色，再一次平铺暗面的颜色。

11 先用勾线笔2号分别蘸取黄色、白绿色、白群色、橙色、黑色加水调和画出拖地长裙装饰部分的颜色。再用华虹6号毛笔蘸取焦茶色加入清水调和，平铺裙摆的颜色。继续蘸取少量黑色调和，画出裙摆褶皱线的暗面。

12 用勾线笔2号蘸取蓬色画出鞋子的固有色。再用勾线笔00号蘸取白色画出毛衣、拖地长裙和鞋子的高光。

6.3 都市白领风格

本案例选择的是一款皮草领拼接的外套。经典的收腰造型优雅大方，搭配蕾丝面料拼接的过膝裙，整体充满了女性的妩媚气质。在绘制外套的颜色时，要注意暗面和高光的强烈对比，这能够增加外套的层次效果。

绘制要点

❶ 面部妆容的特点
❷ 外套的颜色

绘画工具

❶ 施德楼自动铅笔
❷ 施德楼橡皮擦
❸ 华虹全套毛笔
❹ 马利牌全套勾线笔
❺ 宝虹全棉水彩纸
❻ 吴竹固体水彩颜料
❼ 调色盘
❽ 吸水海绵

绘画颜色

橙色　白色　黑色　焦茶色　岱赭色

藤黄色　朱色　黄土色　洋红色

这款面部妆容主要在于眼影与嘴唇的颜色视觉效果非常强烈。

绘制皮草的质感时，要注意勾勒皮草线条的特色，再画出明暗变化。

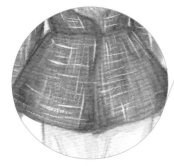

绘制外套的颜色时，要注意明暗颜色的强烈对比及高光的刻画。

1 先画出人体走动的动态，再确定面部五官及发型的造型。然后画出外套和过膝裙的轮廓，注意外套皮草领的细节绘制。画出手部与鞋子的轮廓。用华虹4号毛笔蘸取藤黄色和洋红色加水调和，平铺皮肤的底色。最后蘸取洋红色继续调和，画出眼窝、眉弓、鼻底、面颊、下巴、脖子、手部和腿部的暗面颜色。

2 用勾线笔2号蘸取橙色加水调和，画出眼影的颜色。再蘸取黄土色加水调和，画出眼珠的颜色。然后蘸取黑色，画出眉毛的颜色及眼睛的轮廓，最后蘸取朱色加水调和，画出嘴唇的固有色。

3 画出头发的颜色。先用华虹4号毛笔蘸取黄土色和焦茶色加水调和，平铺头发的底色。再蘸取焦茶色和少量黑色加水调和，画出头发的暗面，注意头顶头发的明暗颜色的变化。

4 用华虹 6 号毛笔蘸取藤黄色加水调和，平铺出皮草领的底色。再用华虹 4 号毛笔加深脖子位置及皮草毛位置的颜色，增加皮草领的厚度感。

5 用华虹 4 号毛笔蘸取藤黄色和黄土色加水调和，继续加深皮草领的暗面颜色。再用勾线笔 00 号蘸取焦茶色，勾勒出皮草毛的线条。

6 用华虹 6 号毛笔蘸取橙色加入清水调和，画出外套的底色。再继续加入橙色和少量朱色调和，加深衣袖和腰部位置的颜色。

7 用华虹4号毛笔蘸取橙
色、黄土色和少量的岱赭
色加水调和，加深外套的
暗面，再一次加深腰部、
衣摆及褶皱的暗面。

8 用勾线笔2号蘸取岱赭色
和焦茶色调和，勾勒出衣
袖、衣身的表面纹理，注
意疏密的变化。

9 用华虹4号毛笔蘸取黄土
色和焦茶色加水调和，平
铺画出过膝裙的底色。再
继续加入焦茶色调和，画
出过膝裙的暗面颜色。

10 用勾线笔 00 号蘸取黑色，勾勒出过膝裙裙摆蕾丝的线条，绘制蕾丝线条时要注意疏密变化。

11 用勾线笔 2 号蘸取黑色加水调和，画出鞋子的固有色，并再一次画出鞋底的厚度。

12 用勾线笔 00 号蘸取白色，先画出外套表面的高光纹理，再画出皮草的高光，最后勾勒鞋子的高光颜色。

6.4 社交名媛风格

　　本案例表现的是一款一字领、侧开衩的连衣裙，采用肩部连接腰部的造型，搭配同色系的头巾和手提包，使整体画面更具优雅的气质。在绘制这款连衣裙时，要注意用笔的笔触，以及裙摆褶皱位置的颜色绘制，体现连衣裙的质感。

绘制要点

❶ 肩部与衣领之间的表现
❷ 腿部走动时的空间变化

绘画工具

❶ 施德楼自动铅笔
❷ 施德楼橡皮擦
❸ 华虹全套毛笔
❹ 马利牌全套勾线笔
❺ 宝虹全棉水彩纸
❻ 吴竹固体水彩颜料
❼ 调色盘
❽ 吸水海绵

绘画颜色

橙色　白色　黑色　焦茶色

岱赭色　浓绿色　藤黄色　山吹色

朱色　红色　黄土色　洋红色

绘制头巾与头发的关系时，要注意头巾与耳朵之间的包裹关系及头发的蓬松感。

绘制一字领与肩部之间的关系时，要表现出肩头的特点及服装的造型。

绘制这款高跟鞋时，要注意鞋跟的暗面颜色绘制。

1 先画出人体走动的动态，再确定出面部五官及发型的造型及连衣裙的外轮廓。然后仔细刻画肩部、腰部及裙摆的造型，画出手提包和鞋子的轮廓。

2 用华虹4号毛笔蘸取黄土色和洋红色加水调和，平铺皮肤的底色。再蘸取洋红色、朱色和黄土色加入少量清水调和，画出眼窝、眉弓、鼻底、下巴、脖子、肩部、手部和腿部的暗面颜色。再用勾线笔2号加强脖子、鼻底、肩部和腿部的暗面。

3 画出头发的颜色。用华虹4号毛笔蘸取藤黄色和黄土色加水调和，画出头发的底色。再继续加入焦茶色调和，勾勒出头发的暗面颜色。

4 用华虹4号毛笔蘸取岱赭色和焦茶色加水调和，继续加深头发的暗面，尤其是脖子处的暗面颜色。再用勾线笔00号蘸取焦茶色，勾勒出发丝的线条。然后用勾线笔00号蘸取山吹色，画出耳环的固有色。

5 用勾线笔2号蘸取朱色加水调和，画出眼影的颜色。再蘸取浓绿色加水调和，画出眼珠的颜色。然后蘸取黑色，画出眉毛的颜色及眼睛的轮廓。接着蘸取朱色和红色加水调和，画出嘴唇的固有色。最后蘸取黑色，画出睫毛的线条。

6 用华虹6号毛笔蘸取黄土色和朱色加水调和，用平铺的方式画出整件连衣裙的底色，并再一次画出连衣裙褶皱位置的颜色。

7 用华虹4号毛笔蘸取橙色和少量岱赭色，加入少量清水调和，画出连衣裙的暗面及褶皱线位置的暗面。

8 用华虹4号毛笔蘸取岱赭色加入少量清水调和，再一次画出连衣裙的暗面颜色，并强调褶皱线的颜色。再蘸取藤黄色，画出腰带的颜色。

9 用勾线笔2号蘸取红色加水调和，画出手提包的固有色。再蘸取藤黄色，画出包上的装饰物颜色。

10 用勾线笔2号蘸取黑色加水调和，画出鞋子的固有色，并再一次画出鞋底的颜色，增加鞋子的厚度感。

11 用勾线笔00号蘸取白色，先画出连衣裙的高光，再画出腰带的质感，然后勾勒出手提包的纹理，最后点缀出高跟鞋的高光。

6.5 学院风格

本案例表现的是一款拼色系的棒球服，搭配同色系的连衣裙。服装整体采用黑色、紫色和粉色三种颜色拼接设计，再搭配一款深色的短靴，使色彩上能相呼应。绘制这款拼色棒球服时，要注意这款服装面料的厚度表现及强烈的明暗颜色关系。

绘制要点

❶ 超短发的颜色绘制
❷ 棒球服与内搭连衣裙的颜色处理

绘画工具

❶ 施德楼自动铅笔
❷ 施德楼橡皮擦
❸ 华虹全套毛笔
❹ 马利牌全套勾线笔
❺ 宝虹全棉水彩纸
❻ 吴竹固体水彩颜料
❼ 调色盘
❽ 吸水海绵

绘画颜色

白色　黑色　焦茶色　岱赭色　牡丹色

紫色　红色　黄土色　洋红色

绘制这款超短发时，要先画出短发的造型及头发的蓬松感，再勾勒局部发丝。

内搭连衣裙和外套都是翻领造型，要注意外套领是从内搭连衣裙领后面穿插过来的。

1 先画出一条中心线，再确定出头部的最高点和最低点，画出头部的外轮廓，确定五官的位置，仔细勾勒出五官，注意眉毛与鼻梁连接线条的绘制。然后确定发际线的位置，画出头发的造型。再仔细刻画发丝及耳朵位置发丝的线条。

2 根据画好的头部，从下巴中心画一条垂直向下的直线，再画出胸腔和盆腔体块。根据人体动态，画出手臂摆动的轮廓及腿部走动的前后线条变化。

3 在画好的人体动态上，画出服装款式特点。先画出内搭连衣裙的造型，再画出外套的轮廓，仔细勾勒内搭连衣裙领部、裙摆的细节，最后画出鞋子的轮廓。

4 用勾线笔2号蘸取岱赭色调和，画出人体的轮廓。再蘸取洋红色调和，画出内搭衬衫领和衣袖的颜色。然后蘸取紫色，画出外套的颜色。接着用勾线笔2号蘸取焦茶色调和，绘制出头发的轮廓线和发丝的颜色。最后蘸取黑色加水调和，绘制鞋子的轮廓线。

5 用华虹4号毛笔蘸取洋红色和黄土色，加入大量清水调和，用平铺的方式画出皮肤的底色。

6 用华虹4号毛笔在已经调好的肤色上加入少量的洋红色、黄土色和岱赭色，画出额头、眼窝、眉弓、鼻梁、鼻底、下巴、脖子、手部和腿部的暗面，并再一次强调眼窝、鼻底、脖子和膝盖的暗面颜色。

7 画出头发的颜色。用华虹4号毛笔蘸取黄土色和焦茶色加水调和，画出头发的底色。再用勾线笔2号蘸取焦茶色和黑色加水调和，加深头发的暗面。最后蘸取黑色勾勒出头发丝的线条，增加头发的蓬松感。

8 用勾线笔00号蘸取洋红色加水调和，画出眼影的颜色。再蘸取焦茶色，画出眼珠的颜色。然后蘸取红色加水调和，画出嘴唇的固有色，加入大量清水，画出面部腮红的颜色。最后蘸取黑色勾勒出眼睛的轮廓。

9 用华虹4号毛笔蘸取红色加入大量清水调和，画出内搭连衣裙翻领和衣身的颜色。再蘸取紫色加水调和，画出内搭连衣裙腰部位置的颜色。

10 用华虹 4 号毛笔继续蘸取红色加水调和，画出内搭连衣裙衣袖和裙摆的颜色。再蘸取黑色加水调和，画出整个裙摆的颜色。

11 先用华虹 4 号毛笔蘸取紫色加水调和，画出外套衣身的颜色。再蘸取黑色，画出外套衣袖的颜色。

12 用华虹 4 号毛笔蘸取红色和少量洋红色，加入少量清水调和，加深内搭连衣裙领子、衣身、衣袖和裙摆的颜色，并强调褶皱线的暗面。再蘸取黑色加水调和，画出裙摆和外套衣袖的暗面。最后蘸取紫色和牡丹色加入少量清水调和，画出内搭衣身和外套衣身的颜色，再一次加深褶皱位置的颜色。

13 用勾线笔2号蘸取黑色加水调和，画出鞋子的固有色，再继续蘸取黑色调和，画出鞋子的暗面颜色。

14 用勾线笔00号蘸取白色，先勾勒出内搭连衣裙的高光，再画出外套及鞋子的高光。

6.6 优雅复古风格

　　本案例表现的是一款大A字摆的吊带礼服裙，礼服裙整体上布满了充满艺术气息的花卉图案。在绘制这款礼服裙时，要注意把握大关系，不要强调细节，先绘制出清晰的大图案和饱满的造型特点，并且要注意裙摆的前后起伏变化处理。

绘制要点

❶ 头发的颜色和造型的表现
❷ 裙身上的图案处理

绘画工具

❶ 施德楼自动铅笔
❷ 施德楼橡皮擦
❸ 华虹全套毛笔
❹ 马利牌全套勾线笔
❺ 宝虹全棉水彩纸
❻ 吴竹固体水彩颜料
❼ 调色盘
❽ 吸水海绵

绘画颜色

白色　黑色　焦茶色　岱赭色

山吹色　紫色　美蓝色

藤黄色　白绿色　红色

黄土色　洋红色

绘制这款发型时，要仔细刻画前额到耳后的头发造型，再勾勒头发丝的蓬松效果。

绘制这款礼服的颜色时，要先画出礼服的造型特点，再仔细刻画局部颜色。注意从胸部到腰部的造型特点。

1 先确定出人体的动态表现，再刻画出面部五官的细节及头发的造型，接着画出耳环的轮廓。用勾线笔2号蘸取洋红色和黄土色调和，勾勒出面部轮廓及人体的外轮廓。然后用华虹6号毛笔，蘸取洋红色和黄土色，用平铺的方式，画出人体皮肤的底色，及整件礼服裙的底色。

2 在上一步已经调好的肤色上，用华虹4号毛笔蘸取黄土色继续调和，再画出眼窝、眉弓、鼻梁、鼻底、下巴、脖子、肩部、胸部和手臂的暗面颜色。趁着暗面颜色还没有干，继续加深眉弓、眼部、脖子、胸部及手臂的暗面，使皮肤的明暗颜色过渡自然。

3 绘制头发的颜色。用华虹4号毛笔蘸取黄土色和少量岱赭色加水调和，画出头发的底色，并继续加入岱赭色和焦茶色调和，画出头发的暗面。再用勾线笔2号蘸取焦茶色调和，勾勒出头发丝的细节，尤其注意表现前额到耳朵位置头发的造型特点。最后蘸取黑色画出耳环的固有色。

4 画出面部妆容。这款面部妆容最大的特点就是眼尾的延伸处理及嘴唇的颜色。先用勾线笔00号蘸取焦茶色调和，画出眉毛的颜色，注意眉毛的弧度。再蘸取黑色调和，画出眼睛的外轮廓及眼尾眼影的表现。然后蘸取白绿色，画出眼珠的颜色。然后蘸取红色，勾勒出嘴唇的固有色。最后蘸取黑色，画出睫毛的特点。

5 这款礼服裙采用透明浅粉色薄纱的材质，在绘制礼服裙本身的固有色时，要注意表现礼服裙的透明感及裙摆的体积感。先用华虹6号毛笔蘸取红色加入大量清水调和，平铺画出整件礼服裙的底色。再用华虹4号毛笔蘸取红色和岱赭色加入少量清水调和，画出礼服裙及褶皱位置的暗面。

6 画出礼服裙表面的刺绣颜色。先用华虹4号毛笔分别蘸取红色、洋红色、山吹色、美蓝色、紫色、黑色加水调和，画出各自对应的刺绣颜色。再用勾线笔00号分别蘸取红色、洋红色、山吹色、美蓝色、紫色，勾勒出刺绣的细节。

7 用勾线笔2号蘸取黑色加水调和，画出肩带和腰带的颜色，再继续蘸取黑色调和，画出肩带和腰带的暗面颜色，再继续蘸取黑色，勾勒出整件礼服裙表面的黑色刺绣图案。最后用华虹4号毛笔蘸取黑色，加入大量清水调和，画出裙摆阴影的颜色。

8 整件礼服裙的颜色已经绘制完成，最后只需通过点缀亮点来增加整件礼服裙的层次感。用勾线笔00号蘸取白色先画出耳环的高光，再点缀出腰带的高光，然后画出整件礼服裙刺绣图案的高光颜色。